Meier · Straßen- und Tiefbauleistungen fertig berechnet

EWALD MEIER

STRASSEN- UND TIEFBAULEISTUNGEN FERTIG BERECHNET

Tafeln und Muster für die Kalkulation

BAUVERLAG GMBH · WIESBADEN UND BERLIN

Die Deutsche Bibliothek – CIP-Einheitsaufnahme

Meier, Ewald:
Strassen- und Tiefbauleistungen fertig berechnet : Tafeln und
Muster für die Kalkulation / Ewald Meier. – Wiesbaden ; Berlin
: Bauverl., 1994
  ISBN-13: 978-3-322-87212-8   e-ISBN-13: 978-3-322-87211-1
  DOI: 10.1007/978-3-322-87211-1

© 1994 Bauverlag GmbH · Wiesbaden und Berlin
Softcover reprint of the hardcover 1st edition 1994
Gesamtherstellung: Hans Meister KG, Kassel
ISBN-13: 978-3-322-87212-8

Inhaltsverzeichnis

Fahrbahnmarkierungsarbeiten

Die vorhandene Unterlage ist zur Aufnahme von Markierungsfarbe, thermoplastischem oder kaltplastischem Material zu säubern. Markierungen, Verkehrszeichen, Fußgängerfurte, Fahrtrichtungspfeil, „Bus"-Schriftung, Fahrrad- und Behinderten-Symbole aus reflektierendem Material herstellen.
Kennzeichnen und Räumen der Baustelle (Leitkegel) gemäß StVO; die Auflagen der Straßenverkehrsbehörde sind zu beachten.

Kolonne je nach Größe des Bauvorhabens:

Bauvorarbeiter	= 1 Mann
Baufachwerker	= 3 Mann
Kraftfahrer	= 1 Mann
	5 Mann

$$\frac{5 \text{ Mann} \times 8 \text{ h}}{\text{Tagesleistung}} = \underline{\quad} \text{ h}$$

Mittellohn: _______ DM × ___ h/m/Stck. = EP

Materialkosten (Stoffkosten)	=	DM
Fuhrkosten	=	DM
		DM/m

Markierungen aus Farbe

m **Markierung** 0,12 m breit (Z 295, 296, 299, 340 u. a. StVO) mit einer zugelassenen Markierungsfarbe, 600 g/m^2, in zwei Arbeitsgängen auf vorhandener Unterlage herstellen, einschl. Lieferung aller Materialien:

Lohnkosten	=	DM
Materialkosten	=	DM
Fuhrkosten	=	DM
Vorhaltekosten der Geräte	=	DM
		DM/m

m **Markierung** 0,20 m breit, wie vor beschrieben herstellen:

Lohnkosten	=	DM
Materialkosten	=	DM
Fuhrkosten	=	DM
Vorhaltekosten der Geräte	=	DM
		DM/m

1.1 Fahrbahnmarkierungsarbeiten

m **Markierung** 0,25 m breit, wie vor beschrieben herstellen:

Lohnkosten	=	DM
Materialkosten	=	DM
Fuhrkosten	=	DM
Vorhaltekosten der Geräte	=	DM
		DM/m

m **Markierung** 0,50 m breit, wie vor beschrieben herstellen:

Lohnkosten	=	DM
Materialkosten	=	DM
Fuhrkosten	=	DM
Vorhaltekosten der Geräte	=	DM
		DM/m

Stck. **Fußgängerfurte** 0,50 × 0,15 m mit einer zugelassenen Markierungsfarbe, 600 g/m^2, in zwei Arbeitsgängen auf vorhandener Unterlage herstellen, Lieferung aller Materialien:

Lohnkosten	=	DM
Materialkosten	=	DM
Fuhrkosten	=	DM
Vorhaltekosten der Geräte	=	DM
		DM/Stck.

Stck. **Fußgängerfurte** 0,50 × 0,12 m wie vor beschrieben herstellen:

Lohnkosten	=	DM
Materialkosten	=	DM
Fuhrkosten	=	DM
Vorhaltekosten der Geräte	=	DM
		DM/Stck.

Stck. **Fahrtrichtungspfeil** (einfach), 5,00 m lang (Z 297 StVO), Geradeaus, Rechtsabbieger, Linksabbieger mit einer zugelassenen Markierungsfarbe, 600 g/m^2, in zwei Arbeitsgängen auf vorhandener Unterlage herstellen, einschl. Lieferung aller Materialien:

Lohnkosten	=	DM
Materialkosten	=	DM
Fuhrkosten	=	DM
Vorhaltekosten der Geräte	=	DM
		DM/Stck.

Stck. **Fahrtrichtungspfeil** (doppelt), 5,00 m lang (Z 297 StVO), Geradeaus mit Rechtsabbieger, Geradeaus mit Linksabbieger, mit einer zugelassenen Markierungsfarbe, 600 g/m^2, in zwei Arbeitsgängen auf vorhandener Unterlage herstellen, einschl. Lieferung aller Materialien:

Lohnkosten	=	DM
Materialkosten	=	DM
Fuhrkosten	=	DM
Vorhaltekosten der Geräte	=	DM
		DM/Stck.

Stck. **Schriftung „Bus"** mit einer zugelassenen Markierungsfarbe wie vor beschrieben herstellen:

Lohnkosten	=	DM
Materialkosten	=	DM
Fuhrkosten	=	DM
Vorhaltekosten der Geräte	=	DM
		DM/Stck.

Stck. **Fahrrad-Symbol** nach Vorlage, ca. 1,0 × 1,3 m, mit einer zugelassenen Markierungsfarbe, wie vor beschrieben herstellen:

Lohnkosten	=	DM
Materialkosten	=	DM
Fuhrkosten	=	DM
Vorhaltekosten der Geräte	=	DM
		DM/Stck.

Stck. **Behinderten-Symbol** nach Vorlage, ca. 1,0 × 1,3 m, mit einer zugelassenen Markierungsfarbe, wie vor beschrieben herstellen:

Lohnkosten	=	DM
Materialkosten	=	DM
Fuhrkosten	=	DM
Vorhaltekosten der Geräte	=	DM
		DM/Stck.

Markierungen aus thermoplastischem Material

---

m **Markierung** 0,12 m breit (Z 295, 296, 299, 340 u. a. StVO), 3 mm dick, aus reflektierendem thermoplastischen Material auf vorhandener Unterlage herstellen, einschl. Lieferung aller Materialien:

Lohnkosten	=	DM
Materialkosten	=	DM
Fuhrkosten	=	DM
Vorhaltekosten der Geräte	=	DM
		DM/m

1.1 Fahrbahnmarkierungsarbeiten

m **Markierung** 0,20 m breit, wie vor beschrieben herstellen:

Lohnkosten	=	DM
Materialkosten	=	DM
Fuhrkosten	=	DM
Vorhaltekosten der Geräte	=	DM
		DM/m

m **Markierung** 0,25 m breit, wie vor beschrieben herstellen:

Lohnkosten	=	DM
Materialkosten	=	DM
Fuhrkosten	=	DM
Vorhaltekosten der Geräte	=	DM
		DM/m

m **Markierung** 0,50 m breit (Z 293, 294 u. a. StVO), wie vor beschrieben herstellen:

Lohnkosten	=	DM
Materialkosten	=	DM
Fuhrkosten	=	DM
Vorhaltekosten der Geräte	=	DM
		DM/m

Stck. **Fußgängerfurte** 0,50 × 0,15 m, 3 mm dick, aus reflektierendem thermoplastischen Material auf vorhandener Unterlage herstellen, einschl. Lieferung aller Materialien:

Lohnkosten	=	DM
Materialkosten	=	DM
Fuhrkosten	=	DM
Vorhaltekosten der Geräte	=	DM
		DM/Stck.

Stck. **Fußgängerfurte** 0,50 × 0,12 m, 3 mm dick, aus reflektierendem thermoplastischen Material, wie vor beschrieben herstellen:

Lohnkosten	=	DM
Materialkosten	=	DM
Fuhrkosten	=	DM
Vorhaltekosten der Geräte	=	DM
		DM/Stck.

Stck. **Fahrtrichtungspfeil** (einfach), 5,0 m lang (Z 297 StVO), Geradeaus, Rechtsabbieger, Linksabbieger, 3 mm dick, aus reflektierendem thermoplastischen Material auf vorhandener Unterlage herstellen, einschl. Lieferung aller Materialien:

Lohnkosten	=	DM
Materialkosten	=	DM
Fuhrkosten	=	DM
Vorhaltekosten der Geräte	=	DM
		DM/Stck.

Stck. **Fahrtrichtungspfeil** (doppelt), 5 m lang (Z 297 StVO), Geradeaus mit Rechtsabbieger, Geradeaus mit Linksabbieger, 3 mm dick, aus reflektierendem thermoplastischen Material auf vorhandener Unterlage herstellen:

Lohnkosten	=	DM
Materialkosten	=	DM
Fuhrkosten	=	DM
Vorhaltekosten der Geräte	=	DM
		DM/Stck.

Stck. **Schriftung „Bus"** aus thermoplastischem Material herstellen wie vor beschrieben:

Lohnkosten	=	DM
Materialkosten	=	DM
Fuhrkosten	=	DM
Vorhaltekosten der Geräte	=	DM
		DM/Stck.

Stck. **Fahrrad-Symbol** aus thermoplastischem Material nach Vorlage, ca. 1,0 × 1,3 m, herstellen, sonst wie vor beschrieben:

Lohnkosten	=	DM
Materialkosten	=	DM
Fuhrkosten	=	DM
Vorhaltekosten der Geräte	=	DM
		DM/Stck.

Stck. **Behinderten-Symbol** aus thermoplastischem Material herstellen; Regelblatt 557.3, ca. 1,0 × 1,3 m, ist zu beachten, sonst wie vor beschrieben:

Lohnkosten	=	DM
Materialkosten	=	DM
Fuhrkosten	=	DM
Vorhaltekosten der Geräte	=	DM
		DM/Stck.

1.1 Fahrbahnmarkierungsarbeiten

Markierungen aus kaltplastischem Material

m **Markierung** 0,12 m breit (Z 295, 296, 299, 340 u. a. StVO), 3 mm dick, aus reflektierendem kaltplastischen Material auf vorhandener Unterlage herstellen, einschl. aller Materialien:

Lohnkosten	=	DM
Materialkosten	=	DM
Fuhrkosten	=	DM
Vorhaltekosten der Geräte	=	DM
		DM/m

m **Markierung** 0,20 m breit, wie vor beschrieben herstellen:

Lohnkosten	=	DM
Materialkosten	=	DM
Fuhrkosten	=	DM
Vorhaltekosten der Geräte	=	DM
		DM/m

m **Markierung** 0,25 m breit, wie vor beschrieben herstellen:

Lohnkosten	=	DM
Materialkosten	=	DM
Fuhrkosten	=	DM
Vorhaltekosten der Geräte	=	DM
		DM/m

m **Markierung** 0,50 breit (Z 293, 294 u. a. StVO), wie vor beschrieben herstellen:

Lohnkosten	=	DM
Materialkosten	=	DM
Fuhrkosten	=	DM
Vorhaltekosten der Geräte	=	DM
		DM/m

Stck. **Fußgängerfurte** 0,50 × 0,15 m, 3 mm dick, aus reflektierendem kaltplastischen Material auf vorhandener Unterlage herstellen, einschl. Lieferung aller Materialien:

Lohnkosten	=	DM
Materialkosten	=	DM
Fuhrkosten	=	DM
Vorhaltekosten der Geräte	=	DM
		DM/Stck.

Stck. **Fußgängerfurte** 0,50 × 0,12 m, 3 mm dick, aus reflektierendem kaltplastischen Material, wie vor beschrieben herstellen:

Lohnkosten	=	DM
Materialkosten	=	DM
Fuhrkosten	=	DM
Vorhaltekosten der Geräte	=	DM
		DM/Stck.

Stck. **Fahrtrichtungspfeile** (einfach), 5 m lang (Z 297 StVO), Geradeaus, Rechtsabbieger, Linksabbieger, 3 mm dick, aus kaltplastischem Material auf vorhandener Unterlage herstellen:

Lohnkosten	=	DM
Materialkosten	=	DM
Fuhrkosten	=	DM
Vorhaltekosten der Geräte	=	DM
		DM/Stck.

Stck. **Fahrtrichtungspfeile** (doppelt), 5 m lang (Z 297 StVO), Geradeaus mit Rechtsabbieger, Geradeaus mit Linksabbieger, 3 mm dick, aus reflektierendem kaltplastischen Material auf vorhandener Unterlage herstellen:

Lohnkosten	=	DM
Materialkosten	=	DM
Fuhrkosten	=	DM
Vorhaltekosten der Geräte	=	DM
		DM/Stck.

Stck. **Schriftung „Bus"** aus kaltplastischem Material herstellen wie vor beschrieben:

Lohnkosten	=	DM
Materialkosten	=	DM
Fuhrkosten	=	DM
Vorhaltekosten der Geräte	=	DM
		DM/Stck.

Stck. **Fahrrad-Symbol** aus kaltplastischem Material nach Vorlage, ca. 1,0 × 1,3 m, herstellen, sonst wie vor beschrieben:

Lohnkosten	=	DM
Materialkosten	=	DM
Fuhrkosten	=	DM
Vorhaltekosten der Geräte	=	DM
		DM/Stck.

1.1 Fahrbahnmarkierungsarbeiten

Stck. **Behinderten-Symbol** aus kaltplastischem Material nach Vorlage, ca. 1,0 × 1,3 m, herstellen, sonst wie vor beschrieben:

Lohnkosten	=	DM
Materialkosten	=	DM
Fuhrkosten	=	DM
Vorhaltekosten der Geräte	=	DM
		DM/Stck.

Stck. **Verkehrszeichen** nach Zeichen 458 StVO aus dreifarbigem kaltplastischen Material herstellen.
Stück Verkehrszeichen nach Zeichen 458 StVO 2,0 × 5,0 m, 3 mm dick, aus zugelassenem reflektierenden dreifarbigen kaltplastischen Material auf vorhandener Unterlage herstellen, einschl. Lieferung aller Materialien:

Lohnkosten	=	DM
Materialkosten	=	DM
Fuhrkosten	=	DM
Vorhaltekosten der Geräte	=	DM
		DM/Stck.

Stck. **Verkehrszeichen** nach Zeichen 205 aus dreifarbigem kaltplastischen Material herstellen.
Stck. Verkehrszeichen nach Zeichen 205 StVO 2,0 × 5,0 m, 3 mm dick, aus zugelassenem reflektierenden dreifarbigen kaltplastischen Material auf vorhandener Unterlage herstellen, einschl. Lieferung aller Materialien:

Lohnkosten	=	DM
Materialkosten	=	DM
Fuhrkosten	=	DM
Vorhaltekosten der Geräte	=	DM
		DM/Stck.

Mosaikpflaster 1 – DIN 18502 liefern, im Netzverband (Einfahrten) auf Betonunterbettung B 15, Gesamtdicke (5 + 22 + 6) = 33 cm, herstellen mit Zementmörtel einschlämmen und abziehen.			1 – DIN 18502 60/60/60 Betonunterbettung	
Lohnkosten			**Eigene Werte**	
	h/m²	DM/m²	h/m²	DM/m²
Planum regulieren	0,03			
Feinplanum herstellen	0,07			
Planum verdichten	0,10			
Sand 5 cm dick einbringen	0,05			
Betontragschicht B 15, 22 cm dick, einbringen und verdichten	0,25			
Mosaikpflaster pflastergerecht verteilen	0,08			
Mosaikpflaster herstellen	1,15			
Mosaikpflaster einschlämmen	0,11			
Mosaikpflaster abrammen	0,18			
Mosaikpflaster abziehen	0,06			
Mittellohn (DM × h/m²):				
Summe:	2,08			
Materialkosten (Stoffkosten)			**Eigene Werte**	
	Je Einheit	DM/m²	Je Einheit	DM/m²
Mosaikpflastersteine 60/60/60				
Sand 0,05 m³/m²				
Wasser 16 l/m²				
Beton B 15 0,22 m³/m²				
Zementmörtel 0,03 m³/m²				
Summe:				
Vorhaltekosten der Geräte			**Eigene Werte**	
	BGL 1991	DM/Monat	DM/m²	DM/Monat	DM/m²
Flächenrüttler	3524-4065				

$$\frac{\text{Vorhaltekosten im Monat}}{170\ h} \times 8\ h = \frac{}{\text{Tagesleistung}} =$$

Gesamtsumme:			

1.2 Steinstraßenbau

| **Mosaikpflastersteine 1–3 – DIN 18 502**, in Sand gepflastert, aufnehmen, Planum regulieren, Sand 10 cm dick einbringen, pflastern, abrammen und abdecken. | | | 1–3 – DIN 18 502
Regulieren | |

Lohnkosten	h/m²	DM/m²	**Eigene Werte**	
			h/m²	DM/m²
Mosaikpflastersteine aufnehmen	0,15			
Planum durcharbeiten	0,05			
Planum verdichten	0,10			
Pflastersand einbringen, 10 cm dick	0,10			
Mosaikpflaster herstellen	1,40			
Mosaikpflaster einschlämmen	0,11			
Mosaikpflaster abrammen	0,16			
Mosaikpflaster nachschlämmen	0,04			
Mosaikpflaster 1 cm dick abdecken	0,02			
Mittellohn (DM × h/m²):				
Summe:	2,13			

Materialkosten (Stoffkosten)	Je Einheit	DM/m²	**Eigene Werte**	
			Je Einheit	DM/m²
Sand 0,10 m³/m² Wasser 14 l/m²				
Summe:				

Vorhaltekosten der Geräte	BGL 1991	DM/Monat	DM/m²	**Eigene Werte**	
				DM/Monat	DM/m²
Flächenrüttler	3524-4065				

$$\frac{\text{Vorhaltekosten im Monat}}{170\ \text{h}} \times 8\ \text{h} = \underline{\qquad\qquad} = \text{Tagesleistung}$$

| **Gesamtsumme:** | | | | | |

Mosaikpflastersteine 1 – DIN 18502 liefern und auf Sandunterbettung, Gesamtdicke (6+9) = 15 cm pflastern, einschlämmen und abdecken.	1 – DIN 18502 60/60/60 Sandbettung			
Lohnkosten	h/m^2	DM/m^2	**Eigene Werte**	
			h/m^2	DM/m^2
Planum durcharbeiten	0,05			
Feinplanum herstellen	0,04			
Planum verdichten	0,10			
Pflastersand 9 cm dick einbringen	0,09			
Mosaikpflaster herstellen	1,10			
Mosaikpflaster einschlämmen	0,11			
Mosaikpflaster abrammen	0,16			
Mosaikpflaster nachschlämmen	0,04			
Mosaikpflaster 1 cm dick abdecken	0,02			
Mittellohn (DM × h/m^2):				
Summe:	1,71			
Materialkosten (Stoffkosten)	Je Einheit	DM/m^2	**Eigene Werte**	
			Je Einheit	DM/m^2
Mosaikpflastersteine 60/60/60 Sand 0,09 m^3/m^2 Wasser 14 l/m^2				
Summe:				
Vorhaltekosten der Geräte	BGL 1991	DM/Monat	DM/m^2	**Eigene Werte**
				DM/Monat | DM/m^2
Flächenrüttler	3524-4065			

$$\frac{\text{Vorhaltekosten im Monat}}{170 \text{ h}} \times 8 \text{ h} = \frac{\quad\quad\quad}{\text{Tagesleistung}} = $$

Gesamtsumme:				

1.2 Steinstraßenbau

Mosaikpflastersteine 2 – DIN 18502 liefern und auf Sandunterbettung, Gesamtdicke (10 + 5) = 15 cm, pflastern, einschlämmen und abrammen.	2 – DIN 18502 50/50/50 Sandbettung		
Lohnkosten	h/m²	DM/m²	**Eigene Werte** h/m²	DM/m²

Lohnkosten	h/m²	DM/m²	h/m²	DM/m²
Planum durcharbeiten	0,05			
Feinplanum herstellen	0,04			
Planum verdichten	0,10			
Pflastersand einbringen, 15 cm dick	0,15			
Mosaikpflaster herstellen	1,20			
Mosaikpflaster einschlämmen	0,11			
Mosaikpflaster abrammen	0,16			
Mosaikpflaster nachschlämmen	0,04			
Mosaikpflaster 1 cm dick abdecken	0,02			
Mittellohn (DM × h/m²):				
Summe:	1,87			

Materialkosten (Stoffkosten)	Je Einheit	DM/m²	**Eigene Werte** Je Einheit	DM/m²
Mosaikpflastersteine 50/50/50				
Sand 0,15 m³/m²				
Wasser 14 l/m²				
Summe:				

Vorhaltekosten der Geräte	BGL 1991	DM/Monat	DM/m²	**Eigene Werte** DM/Monat	DM/m²
Flächenrüttler	3524-4065				

$$\frac{\text{Vorhaltekosten im Monat}}{170\ \text{h}} \times 8\ \text{h} = \underline{\hspace{3cm}} = \text{Tagesleistung}$$

Gesamtsumme:				

Mosaikpflastersteine 3 – DIN 18 502 liefern und auf Sandunterbettung, Gesamtdicke (4 + 11) = 15 cm pflastern, einschlämmen und abrammen.			3 – DIN 18 502 40/40/40 Sandbettung	
Lohnkosten	h/m²	DM/m²	**Eigene Werte**	
			h/m²	DM/m²
Planum durcharbeiten	0,05			
Feinplanum herstellen	0,04			
Planum verdichten	0,10			
Pflastersand einbringen, 15 cm dick	0,15			
Mosaikpflaster herstellen	1,35			
Mosaikpflaster einschlämmen	0,11			
Mosaikpflaster abrammen	0,16			
Mosaikpflaster nachschlämmen	0,04			
Mosaikpflaster 1 cm dick abdecken	0,02			
Mittellohn (DM × h/m²):				
Summe:	2,02			

Materialkosten (Stoffkosten)	Je Einheit	DM/m²	**Eigene Werte**	
			Je Einheit	DM/m²
Mosaikpflastersteine 40/40/40				
Sand 0,15 m³/m²				
Wasser 14 l/m²				
Summe:				

Vorhaltekosten der Geräte	BGL 1991	DM/Monat	DM/m²	**Eigene Werte**	
				DM/Monat	DM/m²
Flächenrüttler	3524-4065				

$$\frac{\text{Vorhaltekosten im Monat}}{170\ h} \times 8\ h = \underline{\qquad} = \text{Tagesleistung}$$

Gesamtsumme:			

1.2 Steinstraßenbau

Schlackensteinpflaster im Gleisbereich der Bahnlinien mit Bitumenvergußmasse vergossen aufbrechen, abputzen, nach Regulierung des Unterbaus das Schlackensteinpflaster herstellen.			Schlackensteine im Gleisbereich regulieren	
			Eigene Werte	
Lohnkosten	h/m²	DM/m²	h/m²	DM/m²
Schlackensteine mit Bitumenverguß aufnehmen	0,35			
Schlackensteine abputzen	0,20			
Kiessandbettung regulieren	0,10			
Kiessandbettung 5 cm dick einbringen	0,05			
Schlackensteine im Gleisbereich verteilen	0,12			
Schlackensteine pflastern	0,75			
Schlackensteine einschlämmen	0,10			
Schlackensteine abrammen	0,40			
Fugen auskratzen (ausblasen)	0,16			
Fugen mit trockenem Sand stopfen	0,27			
Fugen mit Bitumvergußmasse vergießen, 3 ×	0,35			
Vergußmasse heizen und schmelzen	0,12			
Mittellohn (DM × h/m²):				
Summe:	2,97			

			Eigene Werte	
Materialkosten (Stoffkosten)	Je Einheit	DM/m²	Je Einheit	DM/m²
Kiessand 0,05 m³/m²				
Bitumenvergußmasse 12 kg/m²				
getrockneter Sand 0,04 m³/m²				
Wasser 16 l/m²				
Heizmaterial (Propangas)				
Summe:				

				Eigene Werte	
Vorhaltekosten der Geräte	BGL 1991	DM/Monat	DM/m²	DM/Monat	DM/m²
Explosions-Pflasterramme	3501-0480				
Bitumenkocher	5661-0130				
Kompressor	6120-0050				

$$\frac{\text{Vorhaltekosten im Monat}}{170\ h} \times 8\ h = \underline{\qquad\qquad} = \text{Tagesleistung}$$

Gesamtsumme:				

<table>
<tr><td colspan="3">Schlackensteinpflaster im Gleisbereich der Bahnlinien auf bauseitigem Unterbau, in 5 cm dickem Kiessand pflastern, einschlämmen, abrammen und mit Bitumenvergußmasse vergießen; Lieferung aller Materialien.</td><td colspan="3">Schlackensteine
im Gleisbereich</td></tr>
<tr><td rowspan="2">Lohnkosten</td><td rowspan="2">h/m²</td><td rowspan="2">DM/m²</td><td colspan="2">Eigene Werte</td></tr>
<tr><td>h/m²</td><td>DM/m²</td></tr>
<tr><td>Kiessandbettung 5 cm dick einbringen</td><td>0,05</td><td></td><td></td><td></td></tr>
<tr><td>Schlackensteine im Gleisbereich verteilen</td><td>0,12</td><td></td><td></td><td></td></tr>
<tr><td>Schlackensteine pflastern</td><td>0,75</td><td></td><td></td><td></td></tr>
<tr><td>Schlackensteine einschlämmen</td><td>0,10</td><td></td><td></td><td></td></tr>
<tr><td>Schlackensteine abrammen</td><td>0,40</td><td></td><td></td><td></td></tr>
<tr><td>Fugen auskratzen (ausblasen)</td><td>0,16</td><td></td><td></td><td></td></tr>
<tr><td>Fugen mit trockenem Sand stopfen</td><td>0,27</td><td></td><td></td><td></td></tr>
<tr><td>Fugen mit Bitumenvergußmasse vergießen, 3 ×</td><td>0,35</td><td></td><td></td><td></td></tr>
<tr><td>Vergußmasse, heizen und schmelzen</td><td>0,12</td><td></td><td></td><td></td></tr>
<tr><td>Mittellohn (DM × h/m²):</td><td></td><td></td><td></td><td></td></tr>
<tr><td>Summe:</td><td>2,32</td><td></td><td></td><td></td></tr>
<tr><td rowspan="2">Materialkosten (Stoffkosten)</td><td rowspan="2">Je Einheit</td><td rowspan="2">DM/m²</td><td colspan="2">Eigene Werte</td></tr>
<tr><td>Je Einheit</td><td>DM/m²</td></tr>
<tr><td>Schlackensteine
Kiessand 0,05 m³/m²
Bitumenvergußmasse 12 kg/m²
getrockneter Sand 0,04 m³/m²
Wasser 16 l/m²
Heizmaterial (Propangas)</td><td></td><td></td><td></td><td></td></tr>
<tr><td>Summe:</td><td></td><td></td><td></td><td></td></tr>
</table>

<table>
<tr><td rowspan="2">Vorhaltekosten der Geräte</td><td rowspan="2">BGL 1991</td><td rowspan="2">DM/Monat</td><td rowspan="2">DM/m²</td><td colspan="2">Eigene Werte</td></tr>
<tr><td>DM/Monat</td><td>DM/m²</td></tr>
<tr><td>Explosions-Pflasterramme</td><td>3501-0480</td><td></td><td></td><td></td><td></td></tr>
<tr><td>Bitumenkocher</td><td>5661-0130</td><td></td><td></td><td></td><td></td></tr>
<tr><td>Kompressor</td><td>6120-0050</td><td></td><td></td><td></td><td></td></tr>
<tr><td colspan="3">Vorhaltekosten im Monat / 170 h × 8 h = ______ = Tagesleistung</td><td></td><td></td><td></td></tr>
<tr><td colspan="3">Gesamtsumme:</td><td></td><td></td><td></td></tr>
</table>

1.2 Steinstraßenbau

Großpflastersteine 1 und 2 – I DIN 18 502, in Kiessandbettung gepflastert, aufnehmen, reinigen, Planum regulieren, Kiessand 5 cm dick einbringen, pflastern, einschlämmen, abrammen, nachschlämmen und abdecken.			1 und 2 – I DIN 18 502 Regulieren im Netzverband	
Lohnkosten	h/m²	DM/m²	**Eigene Werte**	
			h/m²	DM/m²
Großpflastersteine aufnehmen	0,25			
Großpflastersteine reinigen	0,20			
Kiessandbettung regulieren	0,10			
Kiessandbettung 5 cm dick einbringen	0,06			
Großsteinpflaster im Netzverband pflastern	0,45			
Großsteinpflaster einschlämmen	0,08			
Großsteinpflaster abrammen	0,25			
Großsteinpflaster nachschlämmen	0,05			
Großsteinpflaster 2 cm dick abdecken	0,04			
Mittellohn (DM × h/m²):				
Summe:	1,48			
Materialkosten (Stoffkosten)	Je Einheit	DM/m²	**Eigene Werte**	
			Je Einheit	DM/m²
Kiessandbettung 0,05 m³/m² Wasser 16 l/m²				
Summe:				

Vorhaltekosten der Geräte	BGL 1991	DM/Monat	DM/m²	**Eigene Werte**	
				DM/Monat	DM/m²
Explosions-Pflasterramme	3501-0480				

$$\frac{\text{Vorhaltekosten im Monat}}{170 \text{ h}} \times 8\,\text{h} = \frac{}{\text{Tagesleistung}} =$$

Gesamtsumme:			

Großsteinpflastersteine 1 und 2 – I DIN 18502, in Kiessandbettung gepflastert, aufnehmen, reinigen, Planum regulieren, Kiessand 5 cm dick einbringen, pflastern, einschlämmen, abrammen, nachschlämmen und abdecken.	1 und 2 – I DIN 18502 Regulieren Reihenpflaster

Lohnkosten	h/m²	DM/m²	**Eigene Werte** h/m²	DM/m²
Großpflastersteine aufnehmen	0,25			
Großpflastersteine reinigen	0,20			
Kiessandbettung regulieren	0,10			
Kiessandbettung 5 cm dick einbringen	0,06			
Großsteinpflaster in Reihen pflastern	0,58			
Großsteinpflaster einschlämmen	0,08			
Großsteinpflaster abrammen	0,36			
Großsteinpflaster nachschlämmen	0,05			
Großsteinpflaster 2 cm dick abdecken	0,04			
Mittellohn (DM × h/m²):				
Summe:	1,72			

Materialkosten (Stoffkosten)	Je Einheit	DM/m²	**Eigene Werte** Je Einheit	DM/m²
Kiessandbettung 0,05 m³/m² Wasser 16 l/m²				
Summe:				

Vorhaltekosten der Geräte	BGL 1991	DM/Monat	DM/m²	**Eigene Werte** DM/Monat	DM/m²
Explosions-Pflasterramme	3501-0480				

$$\frac{\text{Vorhaltekosten im Monat}}{170 \text{ h}} \times 8\,\text{h} = \underline{\qquad\qquad}_{\text{Tagesleistung}} =$$

Gesamtsumme:				

1.2 Steinstraßenbau

Großsteinpflastersteine 3 und 4 – I DIN 18 502, in Kiessandbettung gepflastert, aufnehmen, reinigen, Planumregulieren, Kiessand 5 cm dick einbringen, pflastern, einschlämmen, abrammen, nachschlämmen und abdecken.	3 und 4 – I DIN 18 502 Regulieren		

Lohnkosten	h/m²	DM/m²	**Eigene Werte** h/m²	DM/m²
Großpflastersteine aufnehmen	0,27			
Großpflastersteine reinigen	0,20			
Kiessandbettung regulieren	0,10			
Kiessandbettung 5 cm dick einbringen	0,06			
Großsteinpflaster in Reihen pflastern	0,62			
Großsteinpflaster einschlämmen	0,08			
Großsteinpflaster abrammen	0,39			
Großsteinpflaster nachschlämmen	0,05			
Großsteinpflaster 2 cm dick abdecken	0,04			
Mittellohn (DM × h/m²):				
Summe:	1,81			

Materialkosten (Stoffkosten)	Je Einheit	DM/m²	**Eigene Werte** Je Einheit	DM/m²
Kiessandbettung 0,05 m³/m² Wasser 16 l/m²				
Summe:				

Vorhaltekosten der Geräte	BGL 1991	DM/Monat	DM/m²	**Eigene Werte** DM/Monat	DM/m²
Explosions-Pflasterramme	3501-0480				

$$\frac{\text{Vorhaltekosten im Monat}}{170\ \text{h}} \times 8\ \text{h} = \frac{\qquad}{\text{Tagesleistung}} =$$

Gesamtsumme:				

Großsteinpflastersteine 1 und 2 – I DIN 18 502, in Kiessandbettung auf Unterbau mit Bitumenverguß aufnehmen, Unterbau regulieren, Großsteinpflaster herstellen und wieder vergießen, einschl. aller Nebenarbeiten.	1 und 2 – I DIN 18 502 mit Bitumenverguß Regulieren

Lohnkosten		h/m²	DM/m²	Eigene Werte	
				h/m²	DM/m²
Großpflastersteine mit Bitumenverguß aufnehmen und abputzen		0,50			
Kiessandbettung regulieren		0,10			
Kiessandbettung 5 cm dick einbringen		0,06			
Großsteinpflaster in Reihen pflastern		0,58			
Großsteinpflaster einschlämmen		0,08			
Großsteinpflaster abrammen		0,36			
Fugen auskratzen		0,16			
Fugen mit trockenem Sand stopfen		0,27			
Fugen mit Bitumenvergußmasse vergießen, 3 ×		0,35			
Vergußmasse heizen und schmelzen		0,12			
Mittellohn (DM × h/m²):					
Summe:		2,58			

Materialkosten (Stoffkosten)	Je Einheit	DM/m²	Eigene Werte	
			Je Einheit	DM/m²
Pflasterkies 0,05 m³/m²				
Bitumenvergußmasse 12 kg/m²				
getrockneter Sand 0,04 m³/m²				
Wasser 16 l/m²				
Heizmaterial (Propangas)				
Summe:				

Vorhaltekosten der Geräte	BGL 1991	DM/Monat	DM/m²	Eigene Werte	
				DM/Monat	DM/m²
Explosions-Pflasterramme	3501-0480				
Bitumenkocher	5661-0130				

$$\frac{\text{Vorhaltekosten im Monat}}{170 \text{ h}} \times 8\text{ h} = \underline{\qquad\qquad} = \text{Tagesleistung}$$

Gesamtsumme:			

1.2 Steinstraßenbau

Kleinsteinpflaster 2 – I DIN 18 502 liefern, im Netzverband (Einfahrten) auf Betonunterbettung B 15, Gesamtdicke 36 cm, herstellen, mit Zementmörtel einschlämmen und abziehen.			2 – I DIN 18 502 90/90/90 Betonunterbettung	
Lohnkosten	h/m²	DM/m²	**Eigene Werte** h/m²	DM/m²
Feinplanum herstellen	0,04			
Planum verdichten	0,10			
Beton B 15 20 cm dick einbringen	0,22			
Zementmörtel 6 cm dick einbringen	0,10			
Kleinsteinpflaster im Planum verteilen	0,12			
Kleinsteinpflaster im Netzverband herstellen	0,55			
Kleinsteinpflaster einschlämmen	0,12			
Kleinsteinpflaster abrammen	0,18			
Kleinsteinpflaster nachschlämmen	0,05			
Kleinsteinpflaster abziehen	0,04			
Mittellohn (DM × h/m²):				
Summe:	1,52			
Materialkosten (Stoffkosten)	Je Einheit	DM/m²	**Eigene Werte** Je Einheit	DM/m²
Kleinsteinpflaster Klasse 2 Beton B 15 0,20 m³/m² Zementmörtel 0,06 m³/m² Wasser 16 l/m²				
Summe:				
Vorhaltekosten der Geräte	BGL 1991	DM/Monat	DM/m²	**Eigene Werte** DM/Monat	DM/m²
Flächenrüttler	3524-4065				
$\dfrac{\text{Vorhaltekosten im Monat}}{170\ \text{h}} \times 8\ \text{h} = \underline{\qquad\qquad} = $ Tagesleistung					
Gesamtsumme:					

Kleinpflastersteine 2 – I DIN 18502 liefern, in Reihen (Einfahrten) auf Betonunterbettung B 15, Gesamtdicke 36 cm, herstellen, mit Zementmörtel einschlämmen und abziehen.	2 – I DIN 18502 90/90/90 Betonunterbettung

Lohnkosten	h/m^2	DM/m^2	Eigene Werte h/m^2	DM/m^2
Feinplanum herstellen	0,04			
Planum verdichten	0,10			
Beton B 15 20 cm dick einbringen	0,22			
Zementmörtel 6 cm dick einbringen	0,10			
Kleinsteinpflaster im Planum verteilen	0,12			
Kleinsteinpflaster in Reihen herstellen	0,70			
Kleinsteinpflaster einschlämmen	0,12			
Kleinsteinpflaster abrammen	0,18			
Kleinsteinpflaster nachschlämmen	0,05			
Kleinsteinpflaster abziehen	0,04			
Mittellohn (DM $\times$ h/m^2):				
Summe:	1,67			

Materialkosten (Stoffkosten)	Je Einheit	DM/m^2	Eigene Werte Je Einheit	DM/m^2
Kleinsteinpflaster Klasse 2 Beton B 15 0,20 m^3/m^2 Zementmörtel 0,06 m^3/m^2 Wasser 16 l/m^2				
Summe:				

Vorhaltekosten der Geräte	BGL 1991	DM/Monat	DM/m^2	Eigene Werte DM/Monat	DM/m^2
Flächenrüttler	3524-4065				

$$\frac{\text{Vorhaltekosten im Monat}}{170\ h} \times 8\ h = \frac{\quad\quad}{\text{Tagesleistung}} =$$

Gesamtsumme:				

1.2 Steinstraßenbau

Kleinsteinpflastersteine 1 – I DIN 18502 liefern, in Reihen (Einfahrten) auf Betonunterbettung B 15, Gesamtdicke 36 cm, herstellen, mit Zementmörtel einschlämmen und abziehen.			1 – I DIN 18502 100/100/100 Betonunterbettung	

Lohnkosten	h/m²	DM/m²	**Eigene Werte**	
			h/m²	DM/m²
Feinplanum herstellen	0,04			
Planum verdichten	0,10			
Beton B 15 20 cm dick einbringen	0,22			
Zemetmörtel 6 cm dick einbringen	0,10			
Kleinsteinpflaster im Planum verteilen	0,12			
Kleinsteinpflaster in Reihen herstellen	0,65			
Kleinsteinpflaster einschlämmen	0,12			
Kleinsteinpflaster abrammen	0,18			
Kleinsteinpflaster nachschlämmen	0,05			
Kleinsteinpflaster abziehen	0,04			
Mittellohn (DM × h/m²):				
Summe:	1,62			

Materialkosten (Stoffkosten)	Je Einheit	DM/m²	**Eigene Werte**	
			Je Einheit	DM/m²
Kleinsteinpflaster Klasse I Beton B 15 0,20 m³/m² Zementmörtel 0,06 m³/m² Wasser 14 l/m²				
Summe:				

Vorhaltekosten der Geräte	BGL 1991	DM/Monat	DM/m²	**Eigene Werte**	
				DM/Monat	DM/m²
Flächenrüttler	3524-4065				

$$\frac{\text{Vorhaltekosten im Monat}}{170\ \text{h}} \times 8\ \text{h} = \frac{\underline{\qquad\qquad}}{\text{Tagesleistung}} =$$

Gesamtsumme:					

| Kleinsteinpflastersteine 1 – I DIN 18502 liefern, im Bogen auf einer Kiessand-Tragschicht herstellen, einschlämmen, abrammen, nachschlämmen und abdecken. | | 1 – I DIN 18502
100/100/100
Kiessand | |

Lohnkosten	h/m^2	DM/m^2	Eigene Werte h/m^2	DM/m^2
Pflastersandbettung 5 cm dick einbringen	0,08			
Feinplanum herstellen	0,04			
Kleinpflastersteine im Planum verteilen	0,12			
Kleinsteinpflaster im Bogen herstellen	0,65			
Kleinsteinpflaster einschlämmen	0,12			
Kleinsteinpflaster abrammen	0,18			
Kleinsteinpflaster nachschlämmen	0,05			
Kleinsteinpflaster abdecken	0,04			
Mittellohn $(DM \times h/m^2)$:				
Summe:	1,28			

Materialkosten (Stoffkosten)	Je Einheit	DM/m^2	Eigene Werte Je Einheit	DM/m^2
Kleinsteinpflaster Klasse 1 Pflastersand 0,08 m^3/m^2 Wasser 16 l/m^2				
Summe:				

Vorhaltekosten der Geräte	BGL 1991	DM/Monat	DM/m^2	Eigene Werte DM/Monat	DM/m^2
Flächenrüttler	3524-4065				

$$\frac{\text{Vorhaltekosten im Monat}}{170\ h} \times 8\ h = \underline{\qquad} = \text{Tagesleistung}$$

| **Gesamtsumme:** | | | |

1.2 Steinstraßenbau

Gehwegplatten aus Beton DIN 485 – 30 × 30 × 4, zweischichtig mit geschliffener Oberfläche auf einer Pflastersandbettung, 5 cm dick, in Kalkmörtel 2 cm dick verlegen.			DIN 485 30 × 30 × 4 Sandbettung	
			Eigene Werte	
Lohnkosten	h/m^2	DM/m^2	h/m^2	DM/m^2
Planum herstellen	0,05			
Pflastersandbettung 5 cm dick einbringen	0,05			
Pflastersandbettung verdichten	0,10			
Gehwegplatten im Planum verteilen	0,15			
Gehwegplatten verlegen	0,45			
Gehwegplatten einschlämmen	0,08			
Gehwegplatten säubern	0,05			
Mittellohn (DM × h/m^2):				
Summe:	0,93			

			Eigene Werte	
Materialkosten (Stoffkosten)	Je Einheit	DM/m^2	Je Einheit	DM/m^2
Gehwegplatten 30/30/4				
Pflastersand 0,05 m^3/m^2				
Kalkmörtel 0,02 m^3/m^2				
Wasser 8 l/m^2				
Summe:				

				Eigene Werte	
Vorhaltekosten der Geräte	BGL 1991	DM/Monat	DM/m^2	DM/Monat	DM/m^2
Flächenrüttler	3524-4065				

$$\frac{\text{Vorhaltekosten im Monat}}{170\ h} \times 8\ h = \underline{} = \text{Tagesleistung}$$

Gesamtsumme:				

Gehwegplatten aus Beton DIN 485 – 40 × 40 × 6, auf Pflastersandbettung in Kalkmörtel verlegt, aufnehmen, Planum regulieren, verdichten und die Gehwegplatten wieder in Kalkmörtel verlegen.			DIN 485 – 40 × 40 × 6 Regulierung	

| **Lohnkosten** | h/m^2 | DM/m^2 | **Eigene Werte** | |
			h/m^2	DM/m^2
Gehwegplatten aufnehmen	0,15			
Gehwegplatten säubern	0,10			
Planum herstellen	0,05			
Pflastersandbettung 3 cm dick einbauen	0,05			
Planum verdichten	0,10			
Gehwegplatten im Planum verteilen	0,15			
Gehwegplatten verlegen	0,56			
Gehwegplatten einschlämmen	0,10			
Gehwegplatten säubern	0,05			
Mittellohn (DM × h/m^2):				
Summe:	1,31			

| **Materialkosten** (Stoffkosten) | Je Einheit | DM/m^2 | **Eigene Werte** | |
			Je Einheit	DM/m^2
Pflastersand 0,03 m^3/m^2				
Kalkmörtel 0,02 m^3/m^2				
Wasser 8 l/m^2				
Summe:				

| **Vorhaltekosten der Geräte** | BGL 1991 | DM/Monat | DM/m^2 | **Eigene Werte** | |
				DM/Monat	DM/m^2
Flächenrüttler	3524-4065				

$$\frac{\text{Vorhaltekosten im Monat}}{170\ h} \times 8\ h = \underline{\qquad\qquad}_{\text{Tagesleistung}} =$$

Gesamtsumme:				

1.2 Steinstraßenbau

Gehwegplatten aus Beton DIN 485 – 40 × 40 × 5, zweischichtig mit geschliffener Oberfläche, Größe 400, auf einer Pflastersandbettung, 5 cm dick, in Kalkmörtel 2 cm dick verlegen.		DIN 485 – 40 × 40 × 5 Sandbettung		
Lohnkosten	h/m²	DM/m²	**Eigene Werte** h/m²	DM/m²
Planum herstellen	0,05			
Pflastersandbettung 5 cm dick einbringen	0,05			
Pflastersandbettung verdichten	0,10			
Gehwegplatten im Planum verteilen	0,15			
Gehwegplatten verlegen	0,49			
Gehwegplatten einschlämmen	0,08			
Gehwegplatten säubern	0,05			
Mittellohn (DM × h/m²):				
Summe:	0,97			

Materialkosten (Stoffkosten)	Je Einheit	DM/m²	**Eigene Werte** Je Einheit	DM/m²
Gehwegplatten 40/40/5				
Pflastersand 0,05 m³/m²				
Kalkmörtel 0,02 m³/m²				
Wasser 8 l/m²				
Summe:				

Vorhaltekosten der Geräte	BGL 1991	DM/Monat	DM/m²	**Eigene Werte** DM/Monat	DM/m²
Flächenrüttler	3524-4065				

$$\frac{\text{Vorhaltekosten im Monat}}{170\ \text{h}} \times 8\ \text{h} = \underline{\hspace{3cm}} = \text{Tagesleistung}$$

Gesamtsumme:				

Gehwegplatten aus Beton DIN 485 – 50 × 50 × 6, zweischichtig mit geschliffener Oberfläche, Größe 500, auf einer Pflastersandbettung, 5 cm dick, in Kalkmörtel 2 cm dick verlegen.	DIN 485 – 50 × 50 × 6 Sandbettung		

			Eigene Werte	
Lohnkosten	h/m^2	DM/m^2	h/m^2	DM/m^2
Planum herstellen	0,05			
Pflastersandbettung 5 cm dick einbringen	0,05			
Pflastersandbettung verdichten	0,10			
Gehwegplatten im Planum verteilen	0,15			
Gehwegplatten verlegen	0,56			
Gehwegplatten einschlämmen	0,08			
Gehwegplatten säubern	0,05			
Mittellohn ($DM \times h/m^2$):				
Summe:	1,04			

			Eigene Werte	
Materialkosten (Stoffkosten)	Je Einheit	DM/m^2	Je Einheit	DM/m^2
Gehwegplatten 50/50/6				
Pflastersand 0,05 m^3/m^2				
Kalkmörtel 0,02 m^3/m^2				
Wasser 8 l/m^2				
Summe:				

				Eigene Werte	
Vorhaltekosten der Geräte	BGL 1991	DM/Monat	DM/m^2	DM/Monat	DM/m^2
Flächenrüttler	3524-4065				

$$\frac{\text{Vorhaltekosten im Monat}}{170\ h} \times 8\ h = \underline{\qquad\qquad}_{\text{Tagesleistung}} =$$

Gesamtsumme:			

1.2 Steinstraßenbau

Gehwegplatten aus Beton DIN 485 – 35 × 35 × 5 liefern, auf Betonunterbettung B 15, 20 cm dick, in Zementmörtel 3 cm dick verlegen und einschlämmen.			DIN 485 – 35 × 35 × 5 Betonunterbettung		
Lohnkosten	h/m²	DM/m²	**Eigene Werte**		
			h/m²	DM/m²	
Feinplanum herstellen	0,04				
Planum verdichten	0,10				
Beton B 15 20 cm dick einbringen	0,22				
Zementmörtel 3 cm dick einbringen	0,10				
Gehwegplatten im Planum verteilen	0,15				
Gehwegplatten verlegen	0,55				
Gehwegplatten einschlämmen	0,10				
Gehwegplatten säubern	0,05				
Mittellohn (DM × h/m²):					
Summe:	1,31				
Materialkosten (Stoffkosten)	Je Einheit	DM/m²	**Eigene Werte**		
			Je Einheit	DM/m²	
Gehwegplatten 35/35/5 Beton B 15 0,20 m³/m² Zementmörtel 0,03 m³/m² Wasser 8 l/m²					
Summe:					
Vorhaltekosten der Geräte	BGL 1991	DM/Monat	DM/m²	**Eigene Werte**	
				DM/Monat	DM/m²
Flächenrüttler	3524-4065				

$$\frac{\text{Vorhaltekosten im Monat}}{170\ \text{h}} \times 8\ \text{h} = \underline{\hspace{3cm}} = \text{Tagesleistung}$$

Gesamtsumme:					

| **Gehwegplatten aus Beton DIN 485 – 35 × 35 × 5,** auf Pflastersandbettung in Kalkmörtel verlegt, aufnehmen, Planum regulieren, verdichten und die Gehwegplatten wieder in Kalkmörtel verlegen. | | DIN 485 – 35 × 35 × 5 Regulierung | | |

Lohnkosten	h/m^2	DM/m^2	Eigene Werte h/m^2	DM/m^2
Gehwegplatten aufnehmen	0,12			
Gehwegplatten säubern	0,10			
Planum herstellen	0,05			
Pflastersandbettung 3 cm dick einbauen	0,05			
Planum verdichten	0,10			
Gehwegplatten im Planum verteilen	0,15			
Gehwegplatten verlegen	0,55			
Gehwegplatten einschlämmen	0,10			
Gehwegplatten säubern	0,05			
Mittellohn (DM × h/m^2):				
Summe:	1,27			

Materialkosten (Stoffkosten)	Je Einheit	DM/m^2	Eigene Werte Je Einheit	DM/m^2
Pflastersand 0,03 m^3/m^2				
Kalkmörtel 0,02 m^3/m^2				
Wasser 8 l/m^2				
Summe:				

Vorhaltekosten der Geräte	BGL 1991	DM/Monat	DM/m^2	Eigene Werte DM/Monat	DM/m^2
Flächenrüttler	3524-4065				

$$\frac{\text{Vorhaltekosten im Monat}}{170\ h} \times 8\ h = \underline{\hspace{3cm}} = \text{Tagesleistung}$$

| **Gesamtsumme:** | | | | |

1.2 Steinstraßenbau

Gehwegplatten aus Beton DIN 485 – 35 × 35 × 5, zweischichtig mit geschliffener Oberfläche, Größe 350, auf einer Pflastersandbettung, 5 cm dick, in Kalkmörtel 2 cm dick verlegen.			DIN 485 – 35 × 35 × 5 Sandbettung	
			Eigene Werte	
Lohnkosten	h/m^2	DM/m^2	h/m^2	DM/m^2
Planum herstellen	0,05			
Pflastersandbettung 5 cm dick einbringen	0,05			
Pflastersandbettung verdichten	0,10			
Gehwegplatten im Planum verteilen	0,15			
Gehwegplatten verlegen	0,51			
Gehwegplatten einschlämmen	0,08			
Gehwegplatten säubern	0,05			
Mittellohn (DM × h/m^2):				
Summe:	0,99			
			Eigene Werte	
Materialkosten (Stoffkosten)	Je Einheit	DM/m^2	Je Einheit	DM/m^2
Gehwegplatten 35/35/5 cm Pflastersand 0,05 m^3/m^2 Kalkmörtel 0,02 m^3/m^2 Wasser 8 l/m^2				
Summe:				

Vorhaltekosten der Geräte	BGL 1991	DM/Monat	DM/m^2	**Eigene Werte** DM/Monat	DM/m^2
Flächenrüttler	3524-4065				

$$\frac{\text{Vorhaltekosten im Monat}}{170\ h} \times 8\ h = \underline{\qquad\qquad} = \underset{\text{Tagesleistung}}{}$$

Gesamtsumme:				

| **Pflastersteine aus Beton DIN 18 501 – 60,** Verbundsteine auf Pflastersandbettung verlegt, aufnehmen, säubern, Planum regulieren und die Verbundsteine verlegen, einrütteln und mit Sand einfegen. | | DIN 18 501 – 60
Sandbettung | | |

Lohnkosten	h/m^2	DM/m^2	**Eigene Werte** h/m^2	DM/m^2
Verbundsteine aufnehmen	0,20			
Verbundsteine säubern	0,15			
Planum herstellen	0,05			
Pflastersandbettung 3 cm dick	0,05			
Planum verdichten und abziehen	0,15			
Verbundsteine im Verband verlegen	0,58			
Verbundsteine einrütteln	0,16			
Verbundsteine mit Sand einfegen	0,08			
Mittellohn (DM × h/m^2):				
Summe:	1,42			

Materialkosten (Stoffkosten)	Je Einheit	DM/m^2	**Eigene Werte** Je Einheit	DM/m^2
Pflastersand 0,03 m^3/m^2 Wasser 8 l/m^2				
Summe:				

Vorhaltekosten der Geräte	BGL 1991	DM/Monat	DM/m^2	**Eigene Werte** DM/Monat	DM/m^2
Flächenrüttler	3524-4065				

$$\frac{\text{Vorhaltekosten im Monat}}{170 \text{ h}} \times 8 \text{ h} = \frac{}{\text{Tagesleistung}} =$$

Gesamtsumme:			

1.2 Steinstraßenbau

Pflastersteine aus Beton DIN 18501 – 80, Verbundsteine, auf Beton B 15, 20 cm dick, und 3 cm Zementmörtel verlegen, einrütteln, mit Sand einschlämmen und säubern.		DIN 18501 – 80 Betonunterbettung		

Lohnkosten	h/m²	DM/m²	Eigene Werte h/m²	DM/m²
Planum herstellen	0,10			
Beton B 15 20 cm dick einbringen	0,22			
Beton verdichten und abziehen	0,20			
Zementmörtel 3 cm dick einbringen	0,05			
Verbundsteine über Kopf verlegen	0,60			
Verbundsteine einrütteln	0,19			
Verbundsteine mit Sand einfegen	0,08			
Verbundsteine reinigen	0,05			
Mittellohn (DM × h/m²):				
Summe:	1,49			

Materialkosten (Stoffkosten)	Je Einheit	DM/m²	Eigene Werte Je Einheit	DM/m²
Verbundsteine 80 cm				
Beton B 15 0,20 m³/m²				
Zementmörtel 0,03 m³/m²				
Wasser 8 l/m²				
Summe:				

Vorhaltekosten der Geräte	BGL 1991	DM/Monat	DM/m²	Eigene Werte DM/Monat	DM/m²
Flächenrüttler	3524-4065				

$$\frac{\text{Vorhaltekosten im Monat}}{170 \text{ h}} \times 8\,\text{h} = \underline{\qquad\qquad}_{\text{Tagesleistung}} =$$

Gesamtsumme:				

| **Pflastersteine aus Beton DIN 18 501 – 80,** Verbundsteine auf Pflastersandbettung, 5 cm dick, verlegen, einrütteln und mit Sand einfegen. | | DIN 18 501 – 80
Sandbettung | | |

			Eigene Werte	
Lohnkosten	h/m^2	DM/m^2	h/m^2	DM/m^2
Planum herstellen	0,10			
Pflastersandbettung 5 cm dick einbringen	0,05			
Pflastersandbettung verdichten	0,05			
Planum abziehen	0,04			
Verbundsteine in Karren laden, bis 30 m transportieren	0,11			
Verbundsteine über Kopf verlegen	0,60			
Verbundsteine einrütteln	0,19			
Verbundsteine einfegen	0,08			
Mittellohn (DM × h/m^2):				
Summe:	1,22			

			Eigene Werte	
Materialkosten (Stoffkosten)	Je Einheit	DM/m^2	Je Einheit	DM/m^2
Verbundsteine 80 cm Pflastersand 0,05 m^3/m^2 Wasser 8 l/m^2				
Summe:				

				Eigene Werte	
Vorhaltekosten der Geräte	BGL 1991	DM/Monat	DM/m^2	DM/Monat	DM/m^2
Flächenrüttler	3524-4065				

$$\frac{\text{Vorhaltekosten im Monat}}{170 \text{ h}} \times 8\,h = \underline{} \text{Tagesleistung} =$$

| **Gesamtsumme:** | | | |

1.2 Steinstraßenbau

Pflastersteine aus Beton DIN 18 501 – 80 Doppel-T-Verbundsteine auf Pflastersandbettung, 3 cm dick, verlegen, einrütteln und mit Sand einfegen.			DIN 18 501 – 80 Sandbettung	
Lohnkosten			**Eigene Werte**	
	h/m^2	DM/m^2	h/m^2	DM/m^2
Planum herstellen	0,05			
Pflastersandbettung 3 cm dick einbringen	0,05			
Planum verdichten	0,05			
Planum abziehen	0,04			
Verbundsteine verlegen	0,58			
Verbundsteine einrütteln	0,16			
Verbundsteine mit Sand einfegen	0,08			
Mittellohn ($DM \times h/m^2$):				
Summe:	1,01			
Materialkosten (Stoffkosten)			**Eigene Werte**	
	Je Einheit	DM/m^2	Je Einheit	DM/m^2
Doppel-T-Verbundsteine				
Pflastersand 0,03 m^3/m^2				
Wasser 8 l/m^2				
Summe:				
Vorhaltekosten der Geräte	BGL 1991	DM/Monat	DM/m^2	DM/Monat	DM/m^2
			Eigene Werte		
Flächenrüttler	3524-4065				

$$\frac{\text{Vorhaltekosten im Monat}}{170\ h} \times 8\ h = \underline{\qquad\qquad} = \underset{\text{Tagesleistung}}{}$$

Gesamtsumme:				

Pflastersteine aus Beton DIN 18 501 – 16/16/14 auf einer Frost-schutzschicht, 20 cm dick, und 5 cm dicker Pflastersandbettung pflastern, einrütteln und mit Sand einfegen.		DIN 18 501 – 16/16/14		
Lohnkosten	h/m^2	DM/m^2	**Eigene Werte** h/m^2	DM/m^2
Planum herstellen	0,10			
Frostschutzschicht 20 cm dick einbauen	0,22			
Frostschutzschicht verdichten	0,10			
Pflastersand 5 cm dick einbringen	0,05			
Pflastersteine im Planum verteilen	0,20			
Pflastersteine im Verband pflastern	0,65			
Pflastersteine einrütteln	0,20			
Pflastersteine mit Sand einfegen	0,08			
Mittellohn (DM × h/m^2):				
Summe:	1,60			

Materialkosten (Stoffkosten)	Je Einheit	DM/m^2	**Eigene Werte** Je Einheit	DM/m^2
Pflastersteine 16/16/14 cm				
Frostschutzschicht 0,20 m^3/m^2				
Pflastersand 0,05 m^3/m^2				
Wasser 8 l/m^2				
Summe:				

Vorhaltekosten der Geräte	BGL 1991	DM/Monat	DM/m^2	**Eigene Werte** DM/Monat	DM/m^2
Flächenrüttler	3524-4065				

$$\frac{\text{Vorhaltekosten im Monat}}{170\ h} \times 8\ h = \frac{}{\text{Tagesleistung}} =$$

Gesamtsumme:			

1.2 Steinstraßenbau

Pflastersteine aus Beton DIN 18 501 – 10/20 Rechteck-Pflastersteine mit Vorsatzbeton, farbig, auf Pflastersandbettung pflastern, Lieferung aller Materialien.			DIN 18 501 – 10/20 Sandbettung	

Lohnkosten	h/m²	DM/m²	**Eigene Werte**	
			h/m²	DM/m²
Planum herstellen	0,10			
Pflastersand 10 cm dick einbringen	0,10			
Pflastersandbettung verdichten	0,05			
Planum abziehen	0,04			
Pflastersteine im Planum verteilen	0,20			
Pflastersteine im Verband pflastern	0,65			
Pflastersteine einrütteln	0,18			
Pflastersteine mit Sand einfegen	0,08			
Mittellohn (DM × h/m²):				
Summe:	1,40			

Materialkosten (Stoffkosten)	Je Einheit	DM/m²	**Eigene Werte**	
			Je Einheit	DM/m²
Pflastersteine 10/20 cm				
Pflastersand 0,10 m³/m²				
Wasser 8 l/m²				
Summe:				

Vorhaltekosten der Geräte	BGL 1991	DM/Monat	DM/m²	**Eigene Werte**	
				DM/Monat	DM/m²
Flächenrüttler	3524-4065				

$$\frac{\text{Vorhaltekosten im Monat}}{170 \text{ h}} \times 8 \text{ h} = \frac{}{\text{Tagesleistung}} =$$

Gesamtsumme:				

Pflastersteine aus Beton DIN 18 501 – 80, Arconda – Bogenpflaster, auf einer Frostschutzschicht, 20 cm dick, und 5 cm dicker Pflastersandbettung verlegen, einrütteln und einfegen.	DIN 18 501 – 80 Sandbettung		

Lohnkosten			Eigene Werte	
	h/m^2	DM/m^2	h/m^2	DM/m^2
Planum herstellen	0,10			
Frostschutzschicht 20 cm dick einbauen	0,22			
Frostschutzschicht verdichten	0,10			
Pflastersand 5 cm dick einbringen	0,05			
Planum abziehen	0,04			
Pflastersteine im Boten verlegen	0,55			
Pflastersteine einrütteln	0,20			
Pflastersteine mit Sand einfegen	0,08			
Mittellohn (DM × h/m^2):				
Summe:	1,34			

Materialkosten (Stoffkosten)			Eigene Werte	
	Je Einheit	DM/m^2	Je Einheit	DM/m^2
Bogenpflastersteine 80 cm				
Frostschutzschicht 0,20 m^3/m^2				
Pflastersand 0,05 m^3/m^2				
Wasser 8 l/m^2				
Summe:				

Vorhaltekosten der Geräte	BGL 1991	DM/Monat	DM/m^2	Eigene Werte	
				DM/Monat	DM/m^2
Flächenrüttler	3524-4065				

$$\frac{\text{Vorhaltekosten im Monat}}{170\ h} \times 8\ h = \frac{\quad\quad\quad}{\text{Tagesleistung}} =$$

Gesamtsumme:			

1.2 Steinstraßenbau

<table>
<tr><td colspan="2">Bordsteine aus Beton DIN 483 – H 18 × 25 auf einem Betonfundament 33/20 cm mit Rückenstütze 15/20 cm, Beton B 15, verlegen. Die Stoßfugen mit Zementmörtel verfugen.</td><td colspan="3" align="center">DIN 483 – H 18 × 25</td></tr>
<tr><td rowspan="2">Lohnkosten</td><td rowspan="2">h/m</td><td rowspan="2">DM/m</td><td colspan="2">Eigene Werte</td></tr>
<tr><td>h/m</td><td>DM/m</td></tr>
<tr><td>
Boden auskoffern
$(0,20 + 0,25) \times 0,33 = 0,15$ m³/m $\times$ 1,55 h/m³
Beton B 15 einbringen
Betonfundament
$0,33 \times 0,20 = 0,07$ m³/m $\times$ 1,70 h/m³
Rückenstütze
$0,15 \times 0,20 = 0,03$ m³/m $\times$ 1,70 h/m³
Bordsteine
in Geraden verlegen
verfugen

Mittellohn (DM × h):
</td><td>
0,23

0,12

0,05

0,79
0,17
</td><td></td><td></td><td></td></tr>
<tr><td>Summe:</td><td>1,36</td><td></td><td></td><td></td></tr>
<tr><td colspan="2">Bordsteine aus Beton DIN 483 – H 18 × 30 auf einem Betonfundament 33/20 cm mit Rückenstütze 15/20 cm, Beton B 15, verlegen; die Stoßfugen mit Zementmörtel verfugen.</td><td colspan="3" align="center">DIN 483 – H 18 × 30</td></tr>
<tr><td rowspan="2">Lohnkosten</td><td rowspan="2">h/m</td><td rowspan="2">DM/m</td><td colspan="2">Eigene Werte</td></tr>
<tr><td>h/m</td><td>DM/m</td></tr>
<tr><td>
Boden auskoffern
$(0,20 + 0,30) \times 0,33 = 0,17$ m³/m $\times$ 1,55 h/m³
Beton B 15 einbringen
Betonfundament
$0,33 \times 0,20 = 0,07$ m³/m $\times$ 1,70 h/m³
Rückenstütze
$(0,15 \times 0,20) = 0,03$ m³/m $\times$ 1,70 h/m³
Bordsteine
in Geraden verlegen
verfugen

Mittellohn (DM × h):
</td><td>
0,26

0,12

0,05

0,83
0,17
</td><td></td><td></td><td></td></tr>
<tr><td>Summe:</td><td>1,43</td><td></td><td></td><td></td></tr>
<tr><td rowspan="2">Materialkosten (Stoffkosten)</td><td rowspan="2">Je Einheit</td><td rowspan="2">DM/m</td><td colspan="2">Eigene Werte</td></tr>
<tr><td>Je Einheit</td><td>DM/m</td></tr>
<tr><td>
Bordsteine =
Beton B 15 = 0,10 m³/m
Zementmörtel = 1,0 l/m
</td><td></td><td></td><td></td><td></td></tr>
<tr><td>Gesamtsumme:</td><td></td><td></td><td></td><td></td></tr>
</table>

Bordsteine aus Beton DIN 483 – H 15 × 30 auf einem Betonfundament 30/20 cm mit Rückenstütze 15/20 cm, Beton B 15, verlegen. Die Stoßfugen mit Zementmörtel verfugen.		DIN 483 – H 15 × 30		
			Eigene Werte	
Lohnkosten	h/m	DM/m	h/m	DM/m
Boden auskoffern $(0,20 + 0,30) \times 0,33 = 0,17\ \text{m}^3/\text{m} \times 1,55\ \text{h/m}^3$	0,26			
Beton B 15 einbringen Betonfundament $0,30 \times 0,20 = 0,06\ \text{m}^3/\text{m} \times 1,70\ \text{h/m}^3$	0,10			
Rückenstütze $0,15 \times 0,20 = 0,03\ \text{m}^3/\text{m} \times 1,70\ \text{h/m}^3$	0,05			
Bordsteine in Geraden verlegen	0,79			
verfugen	0,17			
Mittellohn (DM × h):				
Summe:	1,37			

Bordsteine aus Beton DIN 483 – H 15 × 25 auf einem Betonfundament 30/20 cm mit Rückenstütze 15/20 cm, Beton B 15, verlegen. Die Stoßfugen mit Zementmörtel verfugen.		DIN 483 – H 15 × 25		
			Eigene Werte	
Lohnkosten	h/m	DM/m	h/m	DM/m
Boden auskoffern $(0,20 + 0,25) \times 0,30 = 0,14\ \text{m}^3/\text{m} \times 1,55\ \text{h/m}^3$	0,22			
Beton B 15 einbringen Betonfundament $0,30 \times 0,20 = 0,06\ \text{m}^3/\text{m} \times 1,70\ \text{h/m}^3$	0,10			
Rückenstütze $0,15 \times 0,20 = 0,03\ \text{m}^3/\text{m} \times 1,70\ \text{h/m}^3$	0,05			
Bordsteine in Geraden verlegen	0,75			
verfugen	0,17			
Mittellohn (DM × h):				
Summe:	1,29			
			Eigene Werte	
Materialkosten (Stoffkosten)	Je Einheit	DM/m	Je Einheit	DM/m
Bordsteine = Beton B 15 = 0,09 m³/m Zementmörtel = 1,0 l/m				
Gesamtsumme:				

1.2 Steinstraßenbau

Bordsteine aus Beton DIN 483 – T 10 × 30 auf einem Betonfundament 25/20 cm mit Rückenstütze 15/20 cm, Beton B 15, verlegen. Die Stoßfugen mit Zementmörtel verfugen.			DIN 483 – T 10 × 30	
			Eigene Werte	
Lohnkosten	h/m	DM/m	h/m	DM/m
Boden auskoffern $(0,20 + 0,30) \times 0,25 = 0,13$ m³/m $\times$ 1,55 h/m³	0,20			
Beton B 15 einbringen Betonfundament $0,25 \times 0,20 = 0,05$ m³/m $\times$ 1,70 h/m³	0,09			
Rückenstütze $0,15 \times 0,20 = 0,03$ m³/m $\times$ 1,70 h/m³	0,05			
Bordsteine in Geraden verlegen verfugen	0,72 0,16			
Mittellohn (DM × h):				
Summe:	1,22			
Bordsteine aus Beton DIN 483 – T 10 × 25 auf einem Betonfundament 25/20 cm mit Rückenstütze 15/20 cm, Beton B 15, verlegen. Die Stoßfugen mit Zementmörtel verfugen.			DIN 483 – T 10 × 25	
			Eigene Werte	
Lohnkosten	h/m	DM/m	h/m	DM/m
Boden auskoffern $(0,20 + 0,25) \times 0,25 = 0,11$ m³/m $\times$ 1,55 h/m³	0,17			
Beton B 15 einbringen Betonfundament $0,25 \times 0,20 = 0,05$ m³/m $\times$ 1,70 h/m³	0,09			
Rückenstütze $0,15 \times 0,20 = 0,03$ m³/m $\times$ 1,70 h/m³	0,05			
Bordsteine in Geraden verlegen verfugen	0,68 0,15			
Mittellohn (DM × h):				
Summe:	1,14			
			Eigene Werte	
Materialkosten (Stoffkosten)	Je Einheit	DM/m	Je Einheit	DM/m
Bordsteine = Beton B 15 = 0,08 m³/m Zementmörtel = 1,0 l/m				
Gesamtsumme:				

Bordsteine aus Beton DIN 483 – T 80 × 25 auf einem Betonfundament 23/20 cm mit Rückenstütze 15/20 cm, Beton B 15, verlegen. Die Stoßfugen mit Zementmörtel verfugen.	DIN 483 – T 80 × 25		
Lohnkosten	h/m	DM/m	**Eigene Werte** h/m	DM/m

Lohnkosten	h/m	DM/m	h/m	DM/m
Boden auskoffern $(0,20 + 0,25) \times 0,23 = 0,10 \ m^3/m \times 1,55 \ h/m^3$	0,16			
Beton B 15 einbringen Betonfundament $0,23 \times 0,20 = 0,05 \ m^3/m \times 1,70 \ h/m^3$	0,09			
Rückenstütze $0,15 \times 0,20 = 0,03 \ m^3/m \times 1,70 \ h/m^3$	0,05			
Bordsteine in Geraden verlegen	0,68			
verfugen	0,15			
Mittellohn (DM × h):				
Summe:	1,13			

Bordsteine aus Beton DIN 483 – T 80 × 20 auf einem Betonfundament 23/20 cm mit Rückenstütze 15/20 cm, Beton B 15, verlegen. Die Stoßfugen mit Zementmörtel verfugen.	DIN 483 – T 80 × 20		

Lohnkosten	h/m	DM/m	**Eigene Werte** h/m	DM/m
Boden auskoffern $(0,20 + 0,20) \times 0,23 = 0,09 \ m^3/m \times 1,55 \ h/m^3$	0,14			
Beton B 15 einbringen Betonfundament $0,23 \times 0,20 = 0,05 \ m^3/m \times 1,70 \ h/m^3$	0,09			
Rückenstütze $0,15 \times 0,20 = 0,03 \ m^3/m \times 1,70 \ h/m^3$	0,05			
Bordsteine in Geraden verlegen	0,60			
verfugen	0,15			
Mittellohn (DM × h):				
Summe:	1,03			

Materialkosten (Stoffkosten)	Je Einheit	DM/m	**Eigene Werte** Je Einheit	DM/m
Bordsteine = Beton B 15 = $0,08 \ m^3/m$ Zementmörtel = $1,0 \ l/m$				
Gesamtsumme:				

1.2 Steinstraßenbau

Bordsteine aus Beton DIN 483 – R 18 × 22 auf einem Betonfundament 33/20 cm mit Rückenstütze 15/15 cm, Beton B 15, verlegen. Die Stoßfugen mit Zementmörtel verfugen.		DIN 483 – R 18 × 22		
Lohnkosten	h/m	DM/m	**Eigene Werte**	
			h/m	DM/m
Boden auskoffern $(0{,}20 + 0{,}22) \times 0{,}33 = 0{,}14$ m³/m $\times 1{,}55$ h/m³	0,22			
Beton B 15 einbringen Betonfundament $0{,}33 \times 0{,}20 = 0{,}07$ m³/m $\times 1{,}70$ h/m³	0,12			
Rückenstütze $0{,}15 \times 0{,}15 = 0{,}02$ m³/m $\times 1{,}70$ h/m³	0,03			
Bordsteine in Geraden verlegen	0,80			
verfugen	0,17			
Mittellohn (DM × h):				
Summe:	1,34			

Bordsteine aus Beton DIN 483 – R 15 × 22 auf einem Betonfundament 30/20 cm mit Rückenstütze 15/15 cm, Beton B 15, verlegen. Die Stoßfugen mit Zementmörtel verfugen.		DIN 483 – R 15 × 22		
Lohnkosten	h/m	DM/m	**Eigene Werte**	
			h/m	DM/m
Boden auskoffern $(0{,}20 + 0{,}22) \times 0{,}30 = 0{,}13$ m³/m $\times 1{,}55$ h/m³	0,20			
Beton B 15 einbringen Betonfundament $0{,}30 \times 0{,}20 = 0{,}06$ m³/m $\times 1{,}70$ h/m³	0,10			
Rückenstütze $0{,}15 \times 0{,}15 = 0{,}02$ m³/m $\times 1{,}70$ h/m³	0,03			
Bordsteine in Geraden verlegen	0,80			
verfugen	0,17			
Mittellohn (DM × h):				
Summe:	1,30			
Materialkosten (Stoffkosten)	Je Einheit	DM/m	**Eigene Werte**	
			Je Einheit	DM/m
Bordsteine = Beton B 15 = 0,09/0,08 m³/m Zementmörtel = 1,0 l/m				
Gesamtsumme:				

Bordsteine aus Beton DIN 483 – F 20 × 20 auf einem Betonfundament 20/20 cm, Beton B 15, verlegen. Die Stoßfugen mit Zementmörtel verfugen.		DIN 483 – F 20 × 20		
Lohnkosten	h/m	DM/m	**Eigene Werte**	
			h/m	DM/m
Boden auskoffern $(0,20 + 0,20) \times 0,20 = 0,08\ m^3/m \times 1,55\ h/m^3$ Beton B 15 einbringen Betonfundament $0,20 \times 0,20 = 0,04\ m^3/m \times 1,70\ h/m^3$ Bordsteine in Geraden verlegen verfugen Mittellohn (DM × h):	0,12 0,07 0,85 0,17			
Summe:	1,21			

Bordsteine aus Beton, Außenkurvensteine DIN 483 – H 18 × 30 – KA 3, auf einem Betonfundament 33/20 cm mit Rückenstütze 15/20 cm, Beton B 15, verlegen. Die Stoßfugen mit Zementmörtel verfugen.		DIN 483 – H 18 × 30 – KA 3		
Lohnkosten	h/m	DM/m	**Eigene Werte**	
			h/m	DM/m
Boden auskoffern $(0,20 + 0,30) \times 0,33 = 0,17\ m^3/m \times 1,55\ h/m^3$ Beton B 15 einbringen Betonfundament $0,33 \times 0,20 = 0,07\ m^3/m \times 1,70\ h/m^3$ Rückenstütze $0,15 \times 0,20 = 0,03\ m^3/m \times 1,70\ h/m^3$ Bordsteine im Bogen verlegen verfugen Mittellohn (DM × h):	0,26 0,12 0,05 1,20 0,17			
Summe:	1,80			
Materialkosten (Stoffkosten)	Je Einheit	DM/m	**Eigene Werte**	
			Je Einheit	DM/m
Bordsteine = Beton B 15 = 0,04/0,10 m^3/m Zementmörtel = 1,0 l/m				
Gesamtsumme:				

1.2 Steinstraßenbau

Bordsteine aus Beton, Außenkurvensteine DIN 483 – H 18 × 30 – KA 15, auf einem Betonfundament 33/20 cm mit Rückenstütze 15/20 cm, Beton B 15, verlegen. Die Stoßfugen mit Zementmörtel verfugen.		DIN 483 – H 18 × 30 – KA 15	

Lohnkosten	h/m	DM/m	**Eigene Werte**	
			h/m	DM/m
Boden auskoffern				
$(0,20 + 0,30) \times 0,33 = 0,17$ m³/m $\times$ 1,55 h/m³	0,26			
Beton B 15 einbringen				
Betonfundament				
$0,33 \times 0,20 = 0,07$ m³/m $\times$ 1,70 h/m³	0,12			
Rückenstütze				
$0,15 \times 0,20 = 0,03$ m³/m $\times$ 1,70 h/m³	0,05			
Bordsteine				
im Bogen verlegen	1,00			
verfugen	0,17			
Mittellohn (DM × h):				
Summe:	1,60			

Bordsteine aus Beton, Innenkurvensteine DIN 483 – H 18 × 30 – KI 1 auf einem Betonfundament 33/20 cm mit Rückenstütze 15/20 cm, Beton B 15, verlegen. Die Stoßfugen mit Zementmörtel verfugen.		DIN 483 – H 18 × 30 – KI 1	

Lohnkosten	h/m	DM/m	**Eigene Werte**	
			h/m	DM/m
Boden auskoffern				
$(0,20 + 0,30) \times 0,33 = 0,17$ m³/m $\times$ 1,55 h/m³	0,26			
Beton B 15 einbringen				
Betonfundament				
$0,33 \times 0,20 = 0,07$ m³/m $\times$ 1,70 h/m³	0,12			
Rückenstütze				
$0,15 \times 0,20 = 0,03$ m³/m $\times$ 1,70 h/m³	0,05			
Bordsteine				
im Bogen verlegen	1,50			
verfugen	0,17			
Mittellohn (DM × h):				
Summe:	2,10			

Materialkosten (Stoffkosten)	Je Einheit	DM/m	**Eigene Werte**	
			Je Einheit	DM/m
Bordsteine =				
Beton B 15 = 0,10 m³/m				
Zementmörtel = 1,0 l/m				
Gesamtsumme:				

Bordsteine aus Beton, Außenkurvensteine DIN 483 – H 18 × 30 – KA 5, auf einem Betonfundament 33/20 cm mit Rückenstütze 15/20 cm, Beton B 15, verlegen. Die Stoßfugen mit Zementmörtel verfugen.		DIN 483 – H 18 × 30 – KA 5		
Lohnkosten	h/m	DM/m	**Eigene Werte**	
			h/m	DM/m
Boden auskoffern $(0,20 + 0,30) \times 0,33 = 0,17\ m^3/m \times 1,55\ h/m^3$	0,26			
Beton B 15 einbringen Betonfundament $0,33 \times 0,20 = 0,07\ m^3/m \times 1,70\ h/m^3$	0,12			
Rückenstütze $0,15 \times 0,20 = 0,03\ m^3/m \times 1,70\ h/m^3$	0,05			
Bordsteine im Bogen verlegen	1,10			
verfugen	0,17			
Mittellohn (DM × h):				
Summe:	1,70			

Bordsteine aus Beton, Außenkurvensteine DIN 483 – H 18 × 30 – KA 10, auf einem Betonfundament 33/20 cm mit Rückenstütze 15/20 cm, Beton B 15, verlegen. Die Stoßfugen mit Zementmörtel verfugen.		DIN 483 – H 18 × 30 – KA 10		
Lohnkosten	h/m	DM/m	**Eigene Werte**	
			h/m	DM/m
Boden auskoffern $(0,20 + 0,30) \times 0,33 = 0,17\ m^3/m \times 1,55\ h/m^3$	0,26			
Beton B 15 einbringen Betonfundament $0,33 \times 0,20 = 0,07\ m^3/m \times 1,70\ h/m^3$	0,12			
Rückenstütze $0,15 \times 0,20 = 0,03\ m^3/m \times 1,70\ h/m^3$	0,05			
Bordsteine im Bogen verlegen	1,05			
verfugen	0,17			
Mittellohn (DM × h):				
Summe:	1,65			
Materialkosten (Stoffkosten)	Je Einheit	DM/m	**Eigene Werte**	
			Je Einheit	DM/m
Bordsteine = Beton B 15 = 0,10 m³/m Zementmörtel = 1,0 l/m				
Gesamtsumme:				

1.2 Steinstraßenbau

Bordsteine aus Beton, Innenkurvensteine DIN 483 – H 18 × 30 – KI 2, auf einem Betonfundament 33/20 cm mit Rückenstütze 15/20 cm, Beton B 15, verlegen. Die Stoßfugen mit Zementmörtel verfugen.	DIN 483 – H 18 × 30 KI 2		
Lohnkosten			**Eigene Werte**
	h/m	DM/m	h/m	DM/m

Lohnkosten	h/m	DM/m	h/m	DM/m
Boden auskoffern $(0{,}20 + 0{,}30) \times 0{,}33 = 0{,}17$ m³/m $\times$ 1,55 h/m³	0,26			
Beton B 15 einbringen Betonfundament $0{,}33 \times 0{,}20 = 0{,}07$ m³/m $\times$ 1,70 h/m³	0,12			
Rückenstütze $0{,}15 \times 0{,}20 = 0{,}03$ m³/m $\times$ 1,70 h/m³	0,05			
Bordsteine im Bogen verlegen	1,40			
verfugen	0,17			
Mittellohn (DM × h):				
Summe:	2,00			

Bordsteine aus Beton, Innenkurvensteine DIN 483 – H 18 × 30 – KI 2,5, auf einem Betonfundament 33/20 cm mit Rückenstütze 15/20 cm, Beton B 15, verlegen. Die Stoßfugen mit Zementmörtel verfugen.	DIN 483 – H 18 × 30 – KI 2,5		

Lohnkosten	h/m	DM/m	h/m	DM/m
			Eigene Werte	
Boden auskoffern $(0{,}20 + 0{,}30) \times 0{,}33 = 0{,}17$ m³/m $\times$ 1,55 h/m³	0,26			
Beton B 15 einbringen Betonfundament $0{,}33 \times 0{,}20 = 0{,}07$ m³/m $\times$ 1,70 h/m³	0,12			
Rückenstütze $0{,}15 \times 0{,}20 = 0{,}03$ m³/m $\times$ 1,70 h/m³	0,05			
Bordsteine im Bogen verlegen	1,30			
verfugen	0,17			
Mittellohn (DM × h):				
Summe:	1,90			

Materialkosten (Stoffkosten)	Je Einheit	DM/m	Je Einheit	DM/m
			Eigene Werte	
Bordsteine = Beton B 15 = 0,10 m³/m Zementmörtel = 1,0 l/m				
Gesamtsumme:				

Bordsteine aus Beton, Außenkurvensteine DIN 483 – F 20 × 20 – KA 10, auf einem Betonfundament 20/20 cm, Beton B 15, verlegen. Die Stoßfugen mit Zementmörtel verfugen.		DIN 483 – F 20 × 20 KA 10		
Lohnkosten	h/m	DM/m	**Eigene Werte**	
			h/m	DM/m
Boden auskoffern				
$(0{,}20 + 0{,}20) \times 0{,}20 = 0{,}08$ m³/m $\times 1{,}55$ h/m³	0,12			
Beton B 15 einbringen				
Betonfundament				
$0{,}20 \times 0{,}20 = 0{,}04$ m³/m $\times 1{,}70$ h/m³	0,07			
Bordsteine				
im Bogen verlegen	1,20			
verfugen	0,17			
Mittellohn (DM × h):				
Summe:	1,56			

Bordsteine aus Beton, Innenkurvensteine DIN 483 – F 20 × 20 – KI 1, auf einem Betonfundament 20/20 cm, Beton B 15, verlegen. Die Stoßfugen mit Zementmörtel verfugen.		DIN 483 – F 20 × 20 – KI 1		
Lohnkosten	h/m	DM/m	**Eigene Werte**	
			h/m	DM/m
Boden auskoffern				
$(0{,}20 + 0{,}20) \times 0{,}20 = 0{,}08$ m³/m $\times 1{,}55$ h/m³	0,12			
Beton B 15 einbringen				
Betonfundament				
$0{,}20 \times 0{,}20 = 0{,}04$ m³/m $\times 1{,}70$ h/m³	0,07			
Bordsteine				
im Bogen verlegen	1,45			
verfugen	0,17			
Mittellohn (DM × h):				
Summe:	1,81			
Materialkosten (Stoffkosten)	Je Einheit	DM/m	**Eigene Werte**	
			Je Einheit	DM/m
Bordsteine =				
Beton B 15 = 0,04 m³/m				
Zementmörtel = 1,0 l/m				
Gesamtsumme:				

1.2 Steinstraßenbau

Bordsteine aus Beton, Außenkurvensteine DIN 483 – F 20 × 20 – KA 3, auf einem Betonfundament 20/20 cm, Beton B 15, verlegen. Die Stoßfugen mit Zementmörtel verfugen.		DIN 483 – F 20 × 20 – KA 3		
			Eigene Werte	
Lohnkosten	h/m	DM/m	h/m	DM/m
Boden auskoffern $(0{,}20 + 0{,}20) \times 0{,}20 = 0{,}08 \ m^3/m \times 1{,}55 \ h/m^3$	0,12			
Beton B 15 einbringen Betonfundament $0{,}20 \times 0{,}20 = 0{,}04 \ m^3/m \times 1{,}70 \ h/m^3$	0,07			
Bordsteine im Bogen verlegen	1,10			
verfugen	0,17			
Mittellohn (DM × h):				
Summe:	1,46			

Bordsteine aus Beton, Innenkurvensteine DIN 483 – F 20 × 20 – KA 5, auf einem Betonfundament 20/20 cm, Beton B 15, verlegen. Die Stoßfugen mit Zementmörtel verfugen.		DIN 483 – F 20 × 20 – KA 5		
			Eigene Werte	
Lohnkosten	h/m	DM/m	h/m	DM/m
Boden auskoffern $(0{,}20 + 0{,}20) \times 0{,}20 = 0{,}08 \ m^3/m \times 1{,}55 \ h/m^3$	0,12			
Beton B 15 einbringen Betonfundament $0{,}20 \times 0{,}20 = 0{,}04 \ m^3/m \times 1{,}70 \ h/m^3$	0,07			
Bordsteine im Bogen verlegen	1,15			
verfugen	0,17			
Mittellohn (DM × h):				
Summe:	1,51			

			Eigene Werte	
Materialkosten (Stoffkosten)	Je Einheit	DM/m	Je Einheit	DM/m
Bordsteine = Beton B 15 = 0,04 m^3/m Zementmörtel = 1,0 l/m				
Gesamtsumme:				

Straßenbordsteine aus Naturstein DIN 482 – A 1 auf einem Betonfundament 35/30 cm, Beton B 15, verlegen. Die Stoßfugen mit Zementmörtel verfugen.		DIN 482 – A 1 300/250		
Lohnkosten	h/m	DM/m	**Eigene Werte**	
			h/m	DM/m
Boden auskoffern $(0,30 + 0,25) \times 0,35 = 0,19\ m^3/m \times 1,55\ h/m^3$	0,30			
Beton B 15 einbringen $0,35 \times 0,30 = 0,11\ m^3/m \times 1,70\ h/m^3$	0,18			
Bordsteine				
in Geraden verlegen	0,85			
verfugen	0,18			
Mittellohn (DM × h):				
Summe:	1,51			

Straßenbordsteine aus Naturstein DIN 482 – A 1 auf einem 35/20 cm dickem Kiessandbett verlegen. Die Stoßfugen mit Zementmörtel verfugen.		DIN 482 – A 1 300/250		
Lohnkosten	h/m	DM/m	**Eigene Werte**	
			h/m	DM/m
Boden auskoffern $(0,20 + 0,25) \times 0,35 = 0,16\ m^3/m \times 1,55\ h/m^3$	0,25			
Kiessandbett einbringen $0,35 \times 0,20 = 0,07\ m^3/m \times 1,45\ h/m^3$	0,10			
Bordsteine				
in Geraden verlegen	0,85			
verfugen	0,18			
Mittellohn (DM × h):				
Summe:	1,38			
Materialkosten (Stoffkosten)	Je Einheit	DM/m	**Eigene Werte**	
			Je Einheit	DM/m
Bordsteine = Beton B 15 = 0,11 m³/m Zementmörtel = 1,0 l/m Kiessand = 0,07 m³/m				
Gesamtsumme:				

1.2 Steinstraßenbau

Straßenbordsteine aus Naturstein DIN 482 – A 2 auf einem Betonfundament 33/20 cm mit Rückenstütze 15/20 cm, Beton B 15, verlegen. Die Stoßfugen mit Zementmörtel verfugen.		DIN 482 – A 2 180/250		
Lohnkosten	h/m	DM/m	**Eigene Werte**	
			h/m	DM/m
Boden auskoffern $(0{,}20 + 0{,}25) \times 0{,}33 = 0{,}15\ m^3/m \times 1{,}55\ h/m^3$	0,23			
Beton B 15 einbringen Betonfundament $0{,}33 \times 0{,}20 = 0{,}07\ m^3/m \times 1{,}70\ h/m^3$	0,12			
Rückenstütze $0{,}15 \times 0{,}20 = 0{,}03\ m^3/m \times 1{,}70\ h/m^3$	0,05			
Bordsteine in Geraden verlegen	0,73			
verfugen	0,17			
Mittellohn (DM × h):				
Summe:	1,30			

Straßenbordsteine aus Naturstein DIN 482 – A 2 auf einem 20/20 cm dicken Kiessandbett verlegen. Die Stoßfugen mit Zementmörtel verfugen.		DIN 482 – A 2 180/250		
Lohnkosten	h/m	DM/m	**Eigene Werte**	
			h/m	DM/m
Boden auskoffern $(0{,}20 + 0{,}25) \times 0{,}20 = 0{,}09\ m^3/m \times 1{,}55\ h/m^3$	0,14			
Kiessandbett einbringen $0{,}20 \times 0{,}20 = 0{,}04\ m^3/m \times 1{,}45\ h/m^3$	0,06			
Bordsteine in Geraden verlegen	0,73			
verfugen	0,17			
Mittellohn (DM × h):				
Summe:	1,10			
Materialkosten (Stoffkosten)	Je Einheit	DM/m	**Eigene Werte**	
			Je Einheit	DM/m
Bordsteine = Beton B 15 = 0,10 m³/m Zementmörtel = 1,0 l/m Kiessand = 0,04 m³/m				
Gesamtsumme:				

Straßenbordsteine aus Naturstein DIN 482 – A 3 auf einem Betonfundament 33/20 cm mit Rückenstütze 15/27 cm, Beton B 15, verlegen. Die Stoßfugen mit Zementmörtel verfugen.		DIN 482 – A 3 180/300		

Lohnkosten	h/m	DM/m	Eigene Werte h/m	DM/m
Boden auskoffern $(0{,}20 + 0{,}30) \times 0{,}33 = 0{,}17$ m³/m $\times$ 1,55 h/m³	0,26			
Beton B 15 einbringen Betonfundament $0{,}33 \times 0{,}20 = 0{,}07$ m³/m $\times$ 1,70 h/m³	0,12			
Rückenstütze $0{,}15 \times 0{,}20 = 0{,}03$ m³/m $\times$ 1,70 h/m³	0,05			
Bordsteine in Geraden verlegen	0,79			
verfugen	0,17			
Mittellohn (DM × h):				
Summe:	1,39			

Straßenbordsteine aus Naturstein DIN 482 – A 4 auf einem Betonfundament 30/20 cm Rückenstütze 15/15 cm, Beton B 15, verlegen. Die Stoßfugen mit Zementmörtel verfugen.		DIN 482 – A 4 150/250		

Lohnkosten	h/m	DM/m	Eigene Werte h/m	DM/m
Boden auskoffern $(0{,}20 + 0{,}25) \times 0{,}30 = 0{,}14$ m³/m $\times$ 1,55 h/m³	0,22			
Beton B 15 einbringen Betonfundament $0{,}30 \times 0{,}20 = 0{,}06$ m³/m $\times$ 1,70 h/m³	0,10			
Rückenstütze $0{,}15 \times 0{,}15 = 0{,}02$ m³/m $\times$ 1,70 h/m³	0,03			
Bordsteine in Geraden verlegen	0,72			
verfugen	0,16			
Mittellohn (DM × h):				
Summe:	1,23			

Materialkosten (Stoffkosten)	Je Einheit	DM/m	Eigene Werte Je Einheit	DM/m
Bordsteine = Beton B 15 = 0,10/0,08 m³/m Zementmörtel = 1,0 l/m				
Gesamtsumme:				

1.2 Steinstraßenbau

<table>
<tr><td colspan="2">Straßenbordsteine aus Naturstein DIN 482 – A 5 auf einem Betonfundament 30/20 cm mit Rückenstütze 15/20 cm, Beton B 15, verlegen. Die Stoßfugen mit Zementmörtel verfugen.</td><td colspan="4">DIN 482 – A 5 150/300</td></tr>
<tr><td rowspan="2">Lohnkosten</td><td rowspan="2">h/m</td><td rowspan="2">DM/m</td><td colspan="2">Eigene Werte</td></tr>
<tr><td>h/m</td><td>DM/m</td></tr>
<tr><td>

Boden auskoffern
$(0{,}20 + 0{,}30) \times 0{,}30 = 0{,}15 \ \text{m}^3/\text{m} \times 1{,}55 \ \text{h/m}^3$
Beton B 15 einbringen
Betonfundament
$0{,}30 \times 0{,}20 = 0{,}06 \ \text{m}^3/\text{m} \times 1{,}70 \ \text{h/m}^3$
Rückenstütze
$0{,}15 \times 0{,}20 = 0{,}03 \ \text{m}^3/\text{m} \times 1{,}70 \ \text{h/m}^3$
Bordsteine
in Geraden verlegen
verfugen

Mittellohn (DM × h):
</td><td>

0,23

0,10

0,05

0,75
0,17
</td><td></td><td></td><td></td></tr>
<tr><td>Summe:</td><td>1,30</td><td></td><td></td><td></td></tr>
<tr><td colspan="2">Straßenbordsteine aus Naturstein DIN 482 – B 6 auf einem Betonfundament 29/20 cm Rückenstütze 15/20 cm, Beton B 15, verlegen. Die Stoßfugen mit Zementmörtel verfugen.</td><td colspan="4">DIN 482 – B 6 140/250</td></tr>
<tr><td rowspan="2">Lohnkosten</td><td rowspan="2">h/m</td><td rowspan="2">DM/m</td><td colspan="2">Eigene Werte</td></tr>
<tr><td>h/m</td><td>DM/m</td></tr>
<tr><td>

Boden auskoffern
$(0{,}20 + 0{,}25) \times 0{,}29 = 0{,}13 \ \text{m}^3/\text{m} \times 1{,}55 \ \text{h/m}^3$
Beton B 15 einbringen
Betonfundament
$0{,}29 \times 0{,}20 = 0{,}06 \ \text{m}^3/\text{m} \times 1{,}70 \ \text{h/m}^3$
Rückenstütze
$0{,}15 \times 0{,}20 = 0{,}03 \ \text{m}^3/\text{m} \times 1{,}70 \ \text{h/m}^3$
Bordsteine
in Geraden verlegen
verfugen

Mittellohn (DM × h):
</td><td>

0,20

0,10

0,05

0,68
0,15
</td><td></td><td></td><td></td></tr>
<tr><td>Summe:</td><td>1,18</td><td></td><td></td><td></td></tr>
<tr><td rowspan="2">Materialkosten (Stoffkosten)</td><td rowspan="2">Je Einheit</td><td rowspan="2">DM/m</td><td colspan="2">Eigene Werte</td></tr>
<tr><td>Je Einheit</td><td>DM/m</td></tr>
<tr><td>

Bordsteine =
Beton B 15 = 0,09 m³/m
Zementmörtel = 1,0 l/m
</td><td></td><td></td><td></td><td></td></tr>
<tr><td>Gesamtsumme:</td><td></td><td></td><td></td><td></td></tr>
</table>

Straßenbordsteine aus Naturstein DIN 482 – B 7 auf einem Betonfundament 29/20 cm mit Rückenstütze 15/20 cm verlegen. Die Stoßfugen mit Zementmörtel verfugen.		DIN 482 – B 7 140/250		

Lohnkosten	h/m	DM/m	Eigene Werte	
			h/m	DM/m
Boden auskoffern				
$(0,20 + 0,25) \times 0,29 = 0,13$ m³/m $\times 1,55$ h/m³	0,20			
Beton B 15 einbringen				
Betonfundament				
$0,29 \times 0,20 = 0,06$ m³/m $\times 1,70$ h/m³	0,10			
Rückenstütze				
$0,15 \times 0,20 = 0,03$ m³/m $\times 1,70$ h/m³	0,05			
Bordsteine				
in Geraden verlegen	0,68			
verfugen	0,15			
Mittellohn (DM × h):				
Summe:	1,18			

Straßenbordsteine aus Naturstein DIN 482 – B 7 auf einem Betonfundament 25/20 cm Rückenstütze 15/20 cm verlegen. Die Stoßfugen mit Zementmörtel verfugen.		DIN 482 – B 7 100/250		

Lohnkosten	h/m	DM/m	Eigene Werte	
			h/m	DM/m
Boden auskoffern				
$(0,20 + 0,25) \times 0,25 = 0,11$ m³/m $\times 1,55$ h/m³	0,17			
Beton B 15 einbringen				
Betonfundament				
$0,25 \times 0,20 = 0,05$ m³/m $\times 1,70$ h/m³	0,09			
Rückenstütze				
$0,15 \times 0,20 = 0,03$ m³/m $\times 1,70$ h/m³	0,05			
Bordsteine				
in Geraden verlegen	0,65			
verfugen	0,15			
Mittellohn (DM × h):				
Summe:	1,11			

Materialkosten (Stoffkosten)	Je Einheit	DM/m	Eigene Werte	
			Je Einheit	DM/m
Bordsteine =				
Beton B 15 = 0,09/0,08 m³/m				
Zementmörtel = 1,0 l/m				
Gesamtsumme:				

1.2 Steinstraßenbau

Straßenbordsteine aus Naturstein DIN 482 – B 6 auf einem Betonfundament 27/20 cm mit Rückenstütze 15/20 cm, Beton B 15, verlegen. Die Stoßfugen mit Zementmörtel verfugen.		DIN 482 – B 6 120/250		
Lohnkosten	h/m	DM/m	**Eigene Werte** h/m	DM/m
Boden auskoffern $(0,20 + 0,25) \times 0,27 = 0,12$ m³/m $\times 1,55$ h/m³	0,19			
Beton B 15 einbringen Betonfundament $0,29 \times 0,20 = 0,05$ m³/m $\times 1,70$ h/m³	0,09			
Rückenstütze $0,15 \times 0,20 = 0,03$ m³/m $\times 1,70$ h/m³	0,05			
Bordsteine in Geraden verlegen	0,68			
verfugen	0,15			
Mittellohn (DM $\times$ h):				
Summe:	1,16			

Straßenbordsteine aus Naturstein DIN 482 – B 7 auf einem Betonfundament 30/20 cm Rückenstütze 15/20 cm verlegen. Die Stoßfugen mit Zementmörtel verfugen.		DIN 482 – B 7 150/250		
Lohnkosten	h/m	DM/m	**Eigene Werte** h/m	DM/m
Boden auskoffern $(0,20 + 0,25) \times 0,30 = 0,14$ m³/m $\times 1,55$ h/m³	0,22			
Beton B 15 einbringen Betonfundament $0,30 \times 0,20 = 0,06$ m³/m $\times 1,70$ h/m³	0,10			
Rückenstütze $0,15 \times 0,20 = 0,03$ m³/m $\times 1,70$ h/m³	0,05			
Bordsteine in Geraden verlegen	0,68			
verfugen	0,15			
Mittellohn (DM $\times$ h):				
Summe:	1,20			

Materialkosten (Stoffkosten)	Je Einheit	DM/m	**Eigene Werte** Je Einheit	DM/m
Bordsteine = Beton B 15 = 0,08/0,09 m³/m Zementmörtel = 1,0 l/m				
Gesamtsumme:				

<table>
<tr><td colspan="2">Straßenbordsteine aus Naturstein, Außenkurvensteine DIN 482
– KAa 1, auf einem Betonfundament 35/20 cm, Beton B 15,
verlegen. Die Stoßfugen mit Zementmörtel verfugen.</td><td colspan="4" align="center">DIN 482 – KAa 1 – 300 – 3</td></tr>
</table>

Lohnkosten	h/m	DM/m	Eigene Werte h/m	Eigene Werte DM/m
Boden auskoffern $(0{,}30 + 0{,}25) \times 0{,}35 = 0{,}19$ m³/m $\times 1{,}55$ h/m³	0,30			
Beton B 15 einbringen Betonfundament $0{,}35 \times 0{,}30 = 0{,}11$ m³/m $\times 1{,}70$ h/m³	0,18			
Bordsteine im Bogen verlegen	1,10			
verfugen	0,18			
Mittellohn (DM × h):				
Summe:	1,76			

<table>
<tr><td colspan="2">Straßenbordsteine aus Naturstein, Außenkurvensteine DIN 482
– KAa 1, auf einem Betonfundament 35/20 cm, Beton B 15,
verlegen. Die Stoßfugen mit Zementmörtel verfugen.</td><td colspan="4" align="center">DIN 482 – KAa 1 – 300 – 5</td></tr>
</table>

Lohnkosten	h/m	DM/m	Eigene Werte h/m	Eigene Werte DM/m
Boden auskoffern $(0{,}30 + 0{,}25) \times 0{,}35 = 0{,}19$ m³/m $\times 1{,}55$ h/m³	0,30			
Beton B 15 einbringen Betonfundament $0{,}35 \times 0{,}30 = 0{,}11$ m³/m $\times 1{,}70$ h/m³	0,18			
Bordsteine im Bogen verlegen	1,05			
verfugen	0,18			
Mittellohn (DM × h):				
Summe:	1,71			

Materialkosten (Stoffkosten)	Je Einheit	DM/m	Eigene Werte Je Einheit	Eigene Werte DM/m
Bordsteine = Beton B 15 = 0,11 m³/m Zementmörtel = 1,0 l/m				
Gesamtsumme:				

1.2 Steinstraßenbau

Straßenbordsteine aus Naturstein, Außenkurvensteine DIN 482 – KAa 1, auf einem Betonfundament 35/20 cm, Beton B 15, verlegen. Die Stoßfugen mit Zementmörtel verfugen.		DIN 482 – KAa 1 – 300 – 10		
			Eigene Werte	
Lohnkosten	h/m	DM/m	h/m	DM/m
Boden auskoffern $(0,35 + 0,25) \times 0,35 = 0,19\ m^3/m \times 1,55\ h/m^3$	0,30			
Beton B 15 einbringen Betonfundament $0,35 \times 0,30 = 0,11\ m^3/m \times 1,70\ h/m^3$	0,18			
Bordsteine im Bogen verlegen	1,00			
verfugen	0,18			
Mittellohn (DM × h):				
Summe:	1,66			

Straßenbordsteine aus Naturstein, Außenkurvensteine DIN 482 – KAa 3, auf einem Betonfundament 33/20 cm mit Rückenstütze 15/20 cm, Beton B 15, verlegen. Die Stoßfugen mit Zementmörtel verfugen.		DIN 482 – KAa 3 – 180 – 2		
			Eigene Werte	
Lohnkosten	h/m	DM/m	h/m	DM/m
Boden auskoffern $(0,20 + 0,30) \times 0,33 = 0,17\ m^3/m \times 1,55\ h/m^3$	0,26			
Beton B 15 einbringen Betonfundament $0,33 \times 0,20 = 0,07\ m^3/m \times 1,70\ h/m^3$	0,12			
Rückenstütze $0,15 \times 0,20 = 0,03\ m^3/m \times 1,70\ h/m^3$	0,05			
Bordsteine im Bogen verlegen	1,10			
verfugen	0,17			
Mittellohn (DM × h):				
Summe:	1,70			
			Eigene Werte	
Materialkosten (Stoffkosten)	Je Einheit	DM/m	Je Einheit	DM/m
Bordsteine = Beton B 15 = 0,11/0,10 m³/m Zementmörtel = 1,0 l/m				
Gesamtsumme:				

| Straßenbordsteine aus Naturstein, Außenkurvensteine DIN 482– KAa 3, auf einem Betonfundament 33/20 cm mit Rückenstütze 15/20 cm, Beton B 15, verlegen. Die Stoßfugen mit Zementmörtel verfugen. | | DIN 482 – KAa 3 – 180 – 10 | | |

Lohnkosten	h/m	DM/m	Eigene Werte	
			h/m	DM/m
Boden auskoffern				
$(0,20 + 0,30) \times 0,33 = 0,17$ m³/m $\times$ 1,55 h/m³	0,26			
Beton B 15 einbringen				
Betonfundament				
$0,33 \times 0,20 = 0,07$ m³/m $\times$ 1,70 h/m³	0,12			
Rückenstütze				
$0,15 \times 0,20 = 0,03$ m³/m $\times$ 1,70 h/m³	0,05			
Bordsteine				
im Bogen verlegen	1,05			
verfugen	0,17			
Mittellohn (DM $\times$ h):				
Summe:	1,65			

| Straßenbordsteine aus Naturstein, Außenkurvensteine DIN 482– KAa 3, auf einem Betonfundament 33/20 cm mit Rückenstütze 15/20 cm, Beton B 15, verlegen. Die Stoßfugen mit Zementmörtel verfugen. | | DIN 482 – KAa 3 – 180 – 20 | | |

Lohnkosten	h/m	DM/m	Eigene Werte	
			h/m	DM/m
Boden auskoffern				
$(0,20 + 0,30) \times 0,33 = 0,17$ m³/m $\times$ 1,55 h/m³	0,26			
Beton B 15 einbringen				
Betonfundament				
$0,33 \times 0,20 = 0,07$ m³/m $\times$ 1,70 h/m³	0,12			
Rückenstütze				
$0,15 \times 0,20 = 0,03$ m³/m $\times$ 1,70 h/m³	0,05			
Bordsteine				
im Bogen verlegen	1,00			
verfugen	0,17			
Mittellohn (DM $\times$ h):				
Summe:	1,60			

Materialkosten (Stoffkosten)	Je Einheit	DM/m	Eigene Werte	
			Je Einheit	DM/m
Bordsteine =				
Beton B 15 = 0,10 m³/m				
Zementmörtel = 1,0 l/m				
Gesamtsumme:				

1.2 Steinstraßenbau

Straßenbordsteine aus Naturstein, Außenkurvensteine DIN 482 – KBa 6, auf einem Betonfundament 29/20 cm mit Rückenstütze 15/20 cm, Beton B 15, verlegen. Die Stoßfugen mit Zementmörtel verfugen.			DIN 482 – KBa 6 – 140 – 15	
Lohnkosten	h/m	DM/m	**Eigene Werte** h/m	DM/m
Boden auskoffern $(0,20 + 0,25) \times 0,29 = 0,13$ m³/m $\times$ 1,55 h/m³	0,20			
Beton B 15 einbringen Betonfundament $0,29 \times 0,20 = 0,06$ m³/m $\times$ 1,70 h/m³	0,10			
Rückenstütze $0,15 \times 0,20 = 0,03$ m³/m $\times$ 1,70 h/m³	0,05			
Bordsteine im Bogen verlegen	0,75			
verfugen	0,15			
Mittellohn (DM $\times$ h):				
Summe:	1,25			

Straßenbordsteine aus Naturstein, Außenkurvensteine DIN 482 – KBa 6, auf einem Betonfundament 27/20 cm mit Rückenstütze 15/20 cm, Beton B 15, verlegen. Die Stoßfugen mit Zementmörtel verfugen.			DIN 482 – KBa 6 – 120 – 15	
Lohnkosten	h/m	DM/m	**Eigene Werte** h/m	DM/m
Boden auskoffern $(0,20 + 0,25) \times 0,27 = 0,12$ m³/m $\times$ 1,55 h/m³	0,19			
Beton B 15 einbringen Betonfundament $0,27 \times 0,20 = 0,05$ m³/m $\times$ 1,70 h/m³	0,09			
Rückenstütze $0,15 \times 0,20 = 0,03$ m³/m $\times$ 1,70 h/m³	0,05			
Bordsteine im Bogen verlegen	0,70			
verfugen	0,15			
Mittellohn (DM $\times$ h):				
Summe:	1,18			
Materialkosten (Stoffkosten)	Je Einheit	DM/m	**Eigene Werte** Je Einheit	DM/m
Bordsteine = Beton B 15 = 0,09/0,08 m³/m Zementmörtel = 1,0 l/m				
Gesamtsumme:				

| **Straßenbordsteine aus Naturstein, Innenkurvensteine DIN 482 – KAi 1,** auf einem Betonfundament 35/20 cm, Beton B 15, verlegen. Die Stoßfugen mit Zementmörtel verfugen. | | | | DIN 482 – KAi 1 – 300 – 3 | |

Lohnkosten	h/m	DM/m	**Eigene Werte** h/m	DM/m
Boden auskoffern				
$(0{,}30 + 0{,}25) \times 0{,}35 = 0{,}19$ m³/m $\times 1{,}55$ h/m³	0,30			
Beton B 15 einbringen				
Betonfundament				
$0{,}35 \times 0{,}30 = 0{,}11$ m³/m $\times 1{,}70$ h/m³	0,18			
Bordsteine				
im Bogen verlegen	1,25			
verfugen	0,18			
Mittellohn (DM $\times$ h):				
Summe:	1,91			

| **Straßenbordsteine aus Naturstein, Innenkurvensteine DIN 482 – KAi 3,** auf einem Betonfundament 33/20 cm mit Rückenstütze 15/20 cm, Beton B 15, verlegen. Die Stoßfugen mit Zementmörtel verfugen. | | | | DIN 482 – KAi 3 – 180 – 1 | |

Lohnkosten	h/m	DM/m	**Eigene Werte** h/m	DM/m
Boden auskoffern				
$(0{,}20 + 0{,}30) \times 0{,}33 = 0{,}17$ m³/m $\times 1{,}55$ h/m³	0,26			
Beton B 15 einbringen				
Betonfundament				
$0{,}33 \times 0{,}20 = 0{,}07$ m³/m $\times 1{,}70$ h/m³	0,12			
Rückenstütze				
$0{,}15 \times 0{,}20 = 0{,}03$ m³/m $\times 1{,}70$ h/m³	0,05			
Bordsteine				
im Bogen verlegen	1,38			
verfugen	0,17			
Mittellohn (DM $\times$ h):				
Summe:	1,98			

Materialkosten (Stoffkosten)	Je Einheit	DM/m	**Eigene Werte** Je Einheit	DM/m
Bordsteine =				
Beton B 15 = 0,11/0,10 m³/m				
Zementmörtel = 1,0 l/m				
Gesamtsumme:				

1.2 Steinstraßenbau

Straßenbordsteine aus Naturstein, Innenkurvensteine DIN 482 – KAi 1, auf einem Betonfundament 35/20 cm, Beton B 15, verlegen. Die Stoßfugen mit Zementmörtel verfugen.	DIN 482 – KAi 1 – 300 – 2

Lohnkosten	h/m	DM/m	Eigene Werte h/m	Eigene Werte DM/m
Boden auskoffern $(0,30 + 0,25) \times 0,35 = 0,19\ \mathrm{m^3/m} \times 1,55\ \mathrm{h/m^3}$	0,30			
Beton B 15 einbringen Betonfundament $0,35 \times 0,30 = 0,11\ \mathrm{m^3/m} \times 1,70\ \mathrm{h/m^3}$	0,18			
Bordsteine im Bogen verlegen	1,45			
verfugen	0,18			
Mittellohn (DM × h):				
Summe:	2,11			

Straßenbordsteine aus Naturstein, Innenkurvensteine DIN 482 – KAi 1, auf einem Betonfundament 33/20 cm, Beton B 15, verlegen. Die Stoßfugen mit Zementmörtel verfugen.	DIN 482 – KAi 1 – 300 – 5

Lohnkosten	h/m	DM/m	Eigene Werte h/m	Eigene Werte DM/m
Boden auskoffern $(0,30 + 0,25) \times 0,35 = 0,19\ \mathrm{m^3/m} \times 1,55\ \mathrm{h/m^3}$	0,30			
Beton B 15 einbringen Betonfundament $0,35 \times 0,30 = 0,11\ \mathrm{m^3/m} \times 1,70\ \mathrm{h/m^3}$	0,18			
Bordsteine im Bogen verlegen	1,35			
verfugen	0,18			
Mittellohn (DM × h):				
Summe:	2,01			

Materialkosten (Stoffkosten)	Je Einheit	DM/m	Eigene Werte Je Einheit	Eigene Werte DM/m
Bordsteine = Beton B 15 = 0,11 m³/m Zementmörtel = 1,0 l/m				
Gesamtsumme:				

Straßenbordsteine aus Naturstein, Innenkurvenstein DIN 482 – KAI 2, auf einem Betonfundament 33/20 cm mit Rückenstütze 15/20 cm, Beton B 15, verlegen. Die Stoßfugen mit Zementmörtel verfugen.		DIN 482 – KAi 2 – 180 – 2		
Lohnkosten	h/m	DM/m	**Eigene Werte**	
			h/m	DM/m
Boden auskoffern $(0{,}20 + 0{,}25) \times 0{,}33 = 0{,}15$ m³/m $\times$ 1,55 h/m³	0,23			
Beton B 15 einbringen Betonfundament $0{,}33 \times 0{,}20 = 0{,}07$ m³/m $\times$ 1,70 h/m³	0,12			
Rückenstütze $0{,}15 \times 0{,}20 = 0{,}03$ m³/m $\times$ 1,70 h/m³	0,05			
Bordsteine im Bogen verlegen	1,30			
verfugen	0,17			
Mittellohn (DM $\times$ h):				
Summe:	1,87			

Straßenbordsteine aus Naturstein, Innenkurvenstein DIN 482 – KAI 2, auf einem Betonfundament 33/20 cm mit Rückenstütze 15/20 cm, Beton B 15, verlegen. Die Stoßfugen mit Zementmörtel verfugen.		DIN 482 – KAi 2 – 180 – 3		
Lohnkosten	h/m	DM/m	**Eigene Werte**	
			h/m	DM/m
Boden auskoffern $(0{,}20 + 0{,}25) \times 0{,}33 = 0{,}15$ m³/m $\times$ 1,55 h/m³	0,23			
Beton B 15 einbringen Betonfundament $0{,}33 \times 0{,}20 = 0{,}07$ m³/m $\times$ 1,70 h/m³	0,12			
Rückenstütze $0{,}15 \times 0{,}20 = 0{,}03$ m³/m $\times$ 1,70 h/m³	0,05			
Bordsteine im Bogen verlegen	1,15			
verfugen	0,17			
Mittellohn (DM $\times$ h):				
Summe:	1,72			

Materialkosten (Stoffkosten)	Je Einheit	DM/m	**Eigene Werte**	
			Je Einheit	DM/m
Bordsteine = Beton B 15 = 0,10 m³/m Zementmörtel = 1,0 l/m				
Gesamtsumme:				

1.2 Steinstraßenbau

| **Straßenbordsteine aus Naturstein, Innenkurvenstein DIN 482 – KAi 2,** auf einem Betonfundament 33/20 cm mit Rückenstütze 15/20 cm, Beton B 15, verlegen. Die Stoßfugen mit Zementmörtel verfugen. | | | DIN 482 – KAi 2 – 180 – 5 | |

| | | | **Eigene Werte** | |
Lohnkosten	h/m	DM/m	h/m	DM/m
Boden auskoffern $(0{,}20 + 0{,}25) \times 0{,}33 = 0{,}15$ m³/m $\times$ 1,55 h/m³	0,23			
Beton B 15 einbringen Betonfundament $0{,}33 \times 0{,}20 = 0{,}07$ m³/m $\times$ 1,70 h/m³	0,12			
Rückenstütze $0{,}15 \times 0{,}20 = 0{,}03$ m³/m $\times$ 1,70 h/m³	0,05			
Bordsteine im Bogen verlegen	1,05			
verfugen	0,17			
Mittellohn (DM $\times$ h):				
Summe:	1,62			

| **Straßenbordsteine aus Naturstein, Innenkurvenstein DIN 482 – KAi 2,** auf einem Betonfundament 33/20 cm mit Rückenstütze 15/20 cm, Beton B 15, verlegen. Die Stoßfugen mit Zementmörtel verfugen. | | | DIN 482 – KAi 2 – 180 – 10 | |

| | | | **Eigene Werte** | |
Lohnkosten	h/m	DM/m	h/m	DM/m
Boden auskoffern $(0{,}20 + 0{,}25) \times 0{,}33 = 0{,}15$ m³/m $\times$ 1,55 h/m³	0,23			
Beton B 15 einbringen Betonfundament $0{,}33 \times 0{,}20 = 0{,}07$ m³/m $\times$ 1,70 h/m³	0,12			
Rückenstütze $0{,}15 \times 0{,}20 = 0{,}03$ m³/m $\times$ 1,70 h/m³	0,05			
Bordsteine im Bogen verlegen	1,00			
verfugen	0,17			
Mittellohn (DM $\times$ h):				
Summe:	1,57			

| | | | **Eigene Werte** | |
Materialkosten (Stoffkosten)	Je Einheit	DM/m	Je Einheit	DM/m
Bordsteine = Beton B 15 = 0,10 m³/m Zementmörtel = 1,0 l/m				
Gesamtsumme:				

Straßenbordsteine aus Naturstein, Innenkurvenstein DIN 482 – KAi 3, auf einem Betonfundament 33/20 cm mit Rückenstütze 15/20 cm, Beton B 15, verlegen. Die Stoßfugen mit Zementmörtel verfugen.

DIN 482 – KAi 2 – 180 – 3

Lohnkosten	h/m	DM/m	Eigene Werte h/m	Eigene Werte DM/m
Boden auskoffern				
$(0{,}20 + 0{,}30) \times 0{,}33 = 0{,}17 \ m^3/m \times 1{,}55 \ h/m^3$	0,26			
Beton B 15 einbringen				
Betonfundament				
$0{,}33 \times 0{,}20 = 0{,}07 \ m^3/m \times 1{,}70 \ h/m^3$	0,12			
Rückenstütze				
$0{,}15 \times 0{,}20 = 0{,}03 \ m^3/m \times 1{,}70 \ h/m^3$	0,05			
Bordsteine				
im Bogen verlegen	1,10			
verfugen	0,17			
Mittellohn (DM × h):				
Summe:	1,70			

Straßenbordsteine aus Naturstein, Innenkurvenstein DIN 482 – KAi 3, auf einem Betonfundament 33/20 cm mit Rückenstütze 15/20 cm, Beton B 15, verlegen. Die Stoßfugen mit Zementmörtel verfugen.

DIN 482 – KAi 3 – 180 – 2

Lohnkosten	h/m	DM/m	Eigene Werte h/m	Eigene Werte DM/m
Boden auskoffern				
$(0{,}20 + 0{,}30) \times 0{,}33 = 0{,}17 \ m^3/m \times 1{,}55 \ h/m^3$	0,26			
Beton B 15 einbringen				
Betonfundament				
$0{,}33 \times 0{,}20 = 0{,}07 \ m^3/m \times 1{,}70 \ h/m^3$	0,12			
Rückenstütze				
$0{,}15 \times 0{,}20 = 0{,}03 \ m^3/m \times 1{,}70 \ h/m^3$	0,05			
Bordsteine				
im Bogen verlegen	1,25			
verfugen	0,17			
Mittellohn (DM × h):				
Summe:	1,85			

Materialkosten (Stoffkosten)	Je Einheit	DM/m	Eigene Werte Je Einheit	Eigene Werte DM/m
Bordsteine =				
Beton B 15 = $0{,}10 \ m^3/m$				
Zementmörtel = 1,0 l/m				
Gesamtsumme:				

1.2 Steinstraßenbau

Straßenbordsteine aus Naturstein, Innenkurvenstein DIN 482 – KBi 6, auf einem Betonfundament 29/20 cm mit Rückenstütze 15/20 cm, Beton B 15, verlegen. Die Stoßfugen mit Zementmörtel verfugen.		DIN 482 – KBi 6 – 140 – 5		
			Eigene Werte	
Lohnkosten	h/m	DM/m	h/m	DM/m
Boden auskoffern $(0,20 + 0,25) \times 0,29 = 0,13$ m³/m $\times$ 1,55 h/m³	0,20			
Beton B 15 einbringen Betonfundament $0,29 \times 0,20 = 0,06$ m³/m $\times$ 1,70 h/m³	0,10			
Rückenstütze $0,15 \times 0,20 = 0,03$ m³/m $\times$ 1,70 h/m³	0,05			
Bordsteine im Bogen verlegen	0,85			
verfugen	0,15			
Mittellohn (DM $\times$ h):				
Summe:	1,35			

Straßenbordsteine aus Naturstein, Innenkurvenstein DIN 482 – KBi 6, auf einem Betonfundament 27/20 cm mit Rückenstütze 15/20 cm, Beton B 15, verlegen. Die Stoßfugen mit Zementmörtel verfugen.		DIN 482 – KBi 6 – 120 – 5		
			Eigene Werte	
Lohnkosten	h/m	DM/m	h/m	DM/m
Boden auskoffern $(0,20 + 0,25 \times 0,27 = 0,12$ m³/m $\times$ 1,55 h/m³	0,19			
Beton B 15 einbringen Betonfundament $0,27 \times 0,20 = 0,05$ m³/m $\times$ 1,70 h/m³	0,09			
Rückenstütze $0,15 \times 0,20 = 0,03$ m³/m $\times$ 1,70 h/m³	0,05			
Bordsteine im Bogen verlegen	0,90			
verfugen	0,15			
Mittellohn (DM $\times$ h):				
Summe:	1,38			

			Eigene Werte	
Materialkosten (Stoffkosten)	Je Einheit	DM/m	Je Einheit	DM/m
Bordsteine = Beton B 15 = 0,09/0,08 m³/m Zementmörtel = 1,0 l/m				
Gesamtsumme:				

Betonkantensteine 8/25 cm auf einem Betonfundament 18/10 cm mit Rückenstütze 10/10 cm, Beton B 15, verlegen. Die Stoßfugen mit Zementmörtel verfugen.			8/25/100	
			Eigene Werte	
Lohnkosten	h/m	DM/m	h/m	DM/m
Boden auskoffern $(0{,}10 + 0{,}25) \times 0{,}18 = 0{,}06$ m³/m $\times$ 1,55 h/m³	0,09			
Beton B 15 einbringen Betonfundament $0{,}18 \times 0{,}10 = 0{,}02$ m³/m $\times$ 1,70 h/m³	0,03			
Rückenstütze $0{,}10 \times 0{,}10 = 0{,}01$ m³/m $\times$ 1,70 h/m³	0,02			
Betonkantensteine in Geraden verlegen	0,34			
verfugen	0,10			
Mittellohn (DM $\times$ h):				
Summe:	0,58			

Betonkantensteine 6/20 cm als Begrenzung von Gehwegen in Gartenanlagen und Plantagen in Kiessandbettung oder anstehenden Boden verlegen.			6/20/100	
			Eigene Werte	
Lohnkosten	h/m	DM/m	h/m	DM/m
Boden durcharbeiten, Kiessandbettung 5 cm dick einbringen	0,15			
Betonkantensteine als Begrenzung verlegen	0,25			
Mittellohn (DM $\times$ h):				
Summe:	0,40			

			Eigene Werte	
Materialkosten (Stoffkosten)	Je Einheit	DM/m	Je Einheit	DM/m
Bordsteine = Beton B 15 = 0,03 m³/m Zementmörtel = 0,5 l/m				
Gesamtsumme:				

1.2 Steinstraßenbau

Betonkantensteine 10/30 cm auf einem Betonfundament 20/15 cm mit Rückenstütze 10/15 cm, Beton B 15, verlegen. Die Stoßfugen mit Zementmörtel verfugen.			10/30/100	
Lohnkosten	h/m	DM/m	**Eigene Werte**	
			h/m	DM/m
Boden auskoffern $(0,15 + 0,30) \times 0,20 = 0,09$ m³/m $\times 1,55$ h/m³	0,14			
Beton B 15 einbringen Betonfundament $0,20 \times 0,15 = 0,03$ m³/m $\times 1,70$ h/m³	0,05			
Rückenstütze $0,10 \times 0,15 = 0,02$ m³/m $\times 1,70$ h/m³	0,03			
Betonkantensteine in Geraden verlegen	0,48			
verfugen	0,17			
Mittellohn (DM × h):				
Summe:	0,87			

Betonkantensteine 8/30 cm auf einem Betonfundament 18/10 cm mit Rückenstütze 10/10 cm, Beton B 15, verlegen. Die Stoßfugen mit Zementmörtel verfugen.			8/30/100	
Lohnkosten	h/m	DM/m	**Eigene Werte**	
			h/m	DM/m
Boden auskoffern $(0,10 + 0,30) \times 0,18 = 0,07$ m³/m $\times 1,55$ h/m³	0,11			
Beton B 15 einbringen Betonfundament $0,18 \times 0,10 = 0,02$ m³/m $\times 1,70$ h/m³	0,03			
Rückenstütze $0,10 \times 0,10 = 0,01$ m³/m $\times 1,70$ h/m³	0,02			
Betonkantensteine in Geraden verlegen	0,38			
verfugen	0,10			
Mittellohn (DM × h):				
Summe:	0,64			
Materialkosten (Stoffkosten)	Je Einheit	DM/m	**Eigene Werte**	
			Je Einheit	DM/m
Betonkantensteine Beton B 15 = 0,05/0,03 m³/m Zementmörtel = 0,5 l/m				
Gesamtsumme:				

t **Asphaltbinder, Körnung 0/16 mm,** für Bauklasse III–V gemäß ZTV bit – StB 84, 2. Asphaltbinder, Tabelle 2.1.2 Körnung 0/16 mm, Bild 2.2, mit einem Schwarzdeckenfertiger heiß und profilgerecht einbauen. Mit einer Vibrationswalze oder Gummiradwalze so verdichten, daß damit eine standfeste Binderschicht entsteht, deren Lagerungsdichte sich unter dem Verkehr nur wenig verändert. Nicht mit einem Schwarzdeckenfertiger zu erreichende Flächen sind von Hand einzubauen.

Folgender Aufbau des Mineralgemisches wird angestrebt:

Edelsplitt 11/16 mm (Gesteinsart: Diabas)	28,0 Gew.-%
Edelsplitt 8/16 (Gesteinsart: Diabas)	18,0 Gew.-%
Edelsplitt 5/8 (Gesteinsart: Diabas)	14,0 Gew.-%
Edelsplitt 2/5 (Gesteinsart: Diabas)	11,0 Gew.-%
Edelbrechsand	13,0 Gew.-%
Natursand 0/2	12,5 Gew.-%
Gesteinsmehl	3,5 Gew.-%
	100,0 Gew.-%

Gew.-% Bitumen B 65 im Mischgut: 4,0 % (für 1 t)

Der Bindemittelgehalt und die endgültige Kornzusammensetzung sind in der Eignungsprüfung nachzuweisen.

Eignungs-Prüfung Eigenschaften des Mischgutes	I	II	III
Gewichtsteile Bitumen 65 auf 100 % Mineral Gewichts-% Bitumen 65 im Mischgut			
Marshallstabilität (SM) _________ KN			
Marshallfließwert (FM) _________ mm			
Rohdichte _________ g/cm^3			
Raumdichte _________ g/cm^3			
Hohlraumgehalt (berechnet) _________ Vol.-%			
Hohlraum-Mineralgemisch (HM bit) _________ Vol.-%			
Bindemittelgehalt in Volumen-% _________ Vol.-%			
Ausfüllungsgrad (HFB) _________ %			
Marshallsteifheit (QM = SM/FM) _________ QM			

Eingebaut wird Mischung Nr.

1.3 Bituminöse Fahrbahndecken

<table>
<tr><td colspan="2">ZTV bit – StB 84, 2. Asphaltbinder, Tabelle 2.1.2. Körnung 0/16,
Bild 2.2, 7 cm dick, mit 175 kg/m^2, maschinell einbauen.</td><td colspan="2" align="center">Asphaltbinder
0/16</td></tr>
</table>

Lohnkosten		h/m^2	DM/m^2	**Eigene Werte** h/m^2	DM/m^2
Einbaukolonne	= 5 Mann				
Schwarzdeckenfertiger	= 1 Mann				
Gummiradwalze	= 1 Mann				
Vibrationswalze	= 1 Mann				
Spritzmaschine	= 2 Mann				
	10 Mann				

$$\frac{10 \text{ Mann} \times 8 \text{ h}}{\text{Tagesleistung}} = \underline{\qquad} \text{ h/m}^2$$

Mittellohn (DM × h/m^2): ______

Summe:

Materialkosten (Stoffkosten)		DM/t	DM/m^2	**Eigene Werte** DM/t	DM/m^2

Mischrezept:

Körnungen		Gew.-%	DM	DM/t
Diabas-Splitt	16/22	______ ×	______	= ______
Diabas-Splitt	11/16	28,0 ×		=
Diabas-Splitt	8/11	18,0 ×		=
Diabas-Splitt	5/8	14,0 ×		=
Diabas-Splitt	2/5	11,0 ×		=
Diabas-Brechsand	–	13,0 ×		=
Natursand	0/2	12,5 ×		=
Gesteinsmehl		3,5 ×		=
		100,0 %		

Gewichts-% Bitumen im Mischgut

B 65 = 4,0 % × ______________ DM/t = ______________

Summe:

	DM/t	DM/m^2		
Materialkosten = ______ DM/t				
Streuverlust: ______ DM/t × 0,175 t/m^2 × 1,03 =	______	______		

Vorhaltekosten der Geräte	BGL 1991	DM/Monat	DM/m^2	**Eigene Werte** DM/Monat	DM/m^2
Schwarzdeckenfertiger	5202-0070				
Gummiradwalze	3610-1600				
Vibrationswalze	3615-0640				
Spritzmaschine	5240-1000				

$$\frac{\text{Vorhaltekosten im Monat}}{170 \text{ h}} \times 8 \text{ h} = \underline{\qquad} = \underline{\qquad}$$

Tagesleistung

Gesamtsumme:

Eignungsprüfung für Asphaltbinder Körnung 0/16

für Bauklasse: III–V

Mineral-handels-Körnung	Mineralstoffe							
	Diabas-Splitt 11/16	Diabas-Splitt 8/11	Diabas-Splitt 5/8	Diabas-Splitt 2/5	Diabas-Brech-sand	Natursand 0/2	Kalkstein-mehl	Mineral-stoff-gemisch %
über 31,5	—	—	—	—	—	—	—	0,0
22,4 –31,5	—	—	—	—	—	—	—	0,0
16,0 –22,4	6,5	—	—	—	—	—	—	1,8
11,2 –16,0	82,9	5,7	—	—	—	—	—	24,2
8,0 –11,2	10,6	84,4	5,2	—	—	—	—	18,9
5,0 – 8,0	—	9,9	86,6	7,4	—	—	—	14,7
2,0 – 5,0	—	—	8,2	82,6	2,0	2,7	—	10,8
0,71– 2,0	—	—	—	10,0	37,3	6,7	—	6.7
0,25– 0,71	—	—	—	—	28,7	41,5	—	8,9
0,09– 0,25	—	—	—	—	17,3	47,1	10,2	8,5
unter 0,09	—	—	—	—	14,7	2,5	89,8	5,5

Mineralstoffgemisch-Summen: 70,4 (für 16,0–22,4 bis 2,0–5,0), 24,1 (für 0,71–2,0 bis 0,09–0,25)

Mischrezept		Gew.-%	Herkunft der Mineralstoffe
Diabas-Splitt	11/16	28,0	Hunneberg/Harz
Diabas-Splitt	8/11	18,0	Hunneberg/Harz
Diabas-Splitt	5/8	14,0	Hunneberg/Harz
Diabas-Splitt	2/5	11,0	Hunneberg/Harz
Diabas-Brechsand		13,0	Hunneberg/Harz
Natursand	0/2	12,5	Caputh/Peetz
Gesteinsmehl		3,5	Kalksteinwerke Rüdersdorf

Eignungs-Prüfung

Mischung / Eigenschaften des Mischgutes	I	II	III
Gewichtsteile Bitumen 65 auf 100 % Mineral	3,84	4,17	4,49
Gewichts-% Bitumen 65 im Mischgut	3,7	4,0	4,3
Marshallstabilität (SM) ___ KN	11,5	12,1	11,6
Marshallfließwert (FM) ___ mm	2,4	3,2	3,7
Rohdichte ___ g/cm³	2,684	2,670	2,657
Raumdichte ___ g/cm³	2,514	2,526	2,534
Hohlraumgehalt (berechnet) ___ Vol.-%	6,3	5,4	4,6
Hohlraum-Mineralgemisch (HM bit) ___ Vol.-%	15,3	15,2	15,5
Bindemittelgehalt in Volumen-% ___ Vol.-%	9,0	9,8	10,6
Ausfüllungsgrad (HFB) ___ %	58,8	64,5	69,7
Marshallsteifheit (QM = SM/FM) ___ QM	4,8	3,8	3,1

Zur Ausführung kommt Mischung Nr. I.
Bei den Mineralien handelt es sich um Edelsplitte und Edelbrechsand entsprechend der TL Min 78.

1.3 Bituminöse Fahrbahndecken

t **Asphaltbinder, Körnung 0/11 mm,** nur zum Profilausgleich, gemäß ZTV bit – StB 84, 2 Asphaltbinder, Tabelle 2.1.3 Körnung 0/11, Bild 2.3, mit einem Schwarzdeckenfertiger heiß und profilgerecht einbauen. Mit einer Vibrationswalze oder Gummiradwalze so verdichten, daß damit eine standfeste Binderschicht entsteht, deren Lagerungsdichte sich unter dem Verkehr nur wenig verändert. Nicht mit einem Schwarzdeckenfertiger zu erreichende Flächen sind von Hand einzubauen.

Folgender Aufbau des Mineralgemisches wird angestrebt:

Edelsplitt 8/11 mm (Gesteinsart: Diabas)	30,0 Gew.-%
Edelsplitt 5/8 (Gesteinsart: Diabas)	20,0 Gew.-%
Edelsplitt 2/5 (Gesteinsart: Diabas)	11,0 Gew.-%
Edelbrechsand	18,0 Gew.-%
Natursand 0/2	17,5 Gew.-%
Gesteinsmehl	3,5 Gew.-%
	100,0 Gew.-%

Gew.-% Bitumen B 65 im Mischgut: 4,7 % (für 1 t)

Der Bindemittelgehalt und die endgültige Kornzusammensetzung sind in der Eignungsprüfung nachzuweisen.

Eignungs-Prüfung Eigenschaften des Mischgutes	I	II	III
Gewichtsteile Bitumen 65 auf 100 % Mineral			
Gewichts-% Bitumen 65 im Mischgut			
Marshallstabilität (SM) _____ KN			
Marshallfließwert (FM) _____ mm			
Rohdichte _____ g/cm³			
Raumdichte _____ g/cm³			
Hohlraumgehalt (berechnet) _____ Vol.-%			
Hohlraum-Mineralgemisch (HM bit) _____ Vol.-%			
Bindemittelgehalt in Volumen-% _____ Vol.-%			
Ausfüllungsgrad (HFB) _____ %			
Marshallsteifheit (QM = SM/FM) _____ QM			

Eingebaut wird Mischung Nr.

ZIV bit – StB 84, 2. Asphaltbinder, Tabelle 2.1.3. **Körnung 0/11,** Bild 2.3, 68 kg/m², nur zum Profilausgleich einbauen.

Asphaltbinder 0/11

Lohnkosten	h/m^2	DM/m^2	Eigene Werte h/m^2	DM/m^2

Einbaukolonne = 5 Mann
Schwarzdeckenfertiger = – Mann
Gummiradwalze = 1 Mann
Vibrationswalze = 1 Mann
Spritzmaschine = 2 Mann

9 Mann

$$\frac{9 \text{ Mann} \times 8 \text{ h}}{\text{Tagesleistung}} = \quad h/m^2$$

Mittellohn (DM × h/m^2):

Summe:

Materialkosten (Stoffkosten)	DM/t	DM/m^2	Eigene Werte DM/t	DM/m^2

Mischrezept:

Körnungen		Gew.-%	DM	DM/t
Diabas-Splitt	16/22	____ ×	____ =	____
Diabas-Splitt	11/16	____ ×	____ =	____
Diabas-Splitt	8/11	30,0 ×	=	
Diabas-Splitt	5/8	20,0 ×	=	
Diabas-Splitt	2/5	11,0 ×	=	
Diabas-Brechsand	–	18,0 ×	=	
Natursand	0/2	17,5 ×	=	
Gesteinsmehl		3,5 ×	=	
		100,0 %		

Gewichts-% Bitumen im Mischgut
B 65 = 4,70 % × ____________ DM/t = ____________

Summe:

	DM/t	DM/m^2		

Materialkosten = ______ DM/t

Streuverlust: ______ DM/t × 0,068 t/m² × 1,03 =

Vorhaltekosten der Geräte	BGL 1991	DM/Monat	DM/m^2	Eigene Werte DM/Monat	DM/m^2
Schwarzdeckenfertiger	5202-0070				
Gummiradwalze	3610-1600				
Vibrationswalze	3615-0640				
Spritzmaschine	5240-1000				

$$\frac{\text{Vorhaltekosten im Monat}}{170 \text{ h}} \times 8 \text{ h} = \frac{\quad}{\text{Tagesleistung}} =$$

Gesamtsumme:

1.3 Bituminöse Fahrbahndecken

Eignungsprüfung für Asphaltbinder Körnung 0/11
für Bauklasse: Nur zum Profilausgleich

Mineral-handels-Körnung	Mineralstoffe							
	Diabas-Splitt 11/16	Diabas-Splitt 8/11	Diabas-Splitt 5/8	Diabas-Splitt 2/5	Diabas-Brech-sand	Natursand 0/2	Kalkstein-mehl	Mineral-stoff-gemisch %
über 31,5	—	—	—	—	—	—	—	—
22,4 –31,5	—	—	—	—	—	—	—	—
16,0 –22,4	—	—	—	—	—	—	—	—
11,2 –16,0	—	5,7	—	—	—	—	—	1,7
8,0 –11,2	—	84,4	5,2	—	—	—	—	26,3
5,0 – 8,0	—	9,9	86,6	7,4	—	—	—	21,1
2,0 – 5,0	—	—	8,2	82,6	2,0	2,7	—	11,6
0,71– 2,0	—	—	—	10,0	37,3	6,7	—	9,0
0,25– 0,71	—	—	—	—	28,7	41,5	—	12,5
0,09– 0,25	—	—	—	—	17,3	47,1	10,2	11,7
unter 0,09	—	—	—	—	14,7	2,5	89,8	6,1

(Mineralstoffgemisch-Summen: 60,7 — 33,2)

Mischrezept		Gew.-%	Herkunft der Mineralstoffe
Diabas-Splitt	8/11	30,0	Hunneberg/Harz
Diabas-Splitt	5/8	20,0	Hunneberg/Harz
Diabas-Splitt	2/5	11,0	Hunneberg/Harz
Diabas-Brechsand		18,0	Hunneberg/Harz
Natursand	0/2	17,5	Caputh/Peetz
Gesteinsmehl		3,5	Kalksteinwerke Rüdersdorf

Eignungs-Prüfung
Mischung / Eigenschaften des Mischgutes

Mischung / Eigenschaften des Mischgutes	I	II	III
Gewichtsteile Bitumen 65 auf 100 % Mineral	4,6	4,93	5,26
Gewichts-% Bitumen 65 im Mischgut	4,4	4,7	5,0
Marshallstabilität (SM) _______ KN	10,7	11,2	10,5
Marshallfließwert (FM) _______ mm	2,9	3,7	4,5
Rohdichte _______ g/cm^3	2,638	2,625	2,612
Raumdichte _______ g/cm^3	2,471	2,485	2,494
Hohlraumgehalt (berechnet) _______ Vol.-%	6,3	5,3	4,5
Hohlraum-Mineralgemisch (HM bit) _______ Vol.-%	16,9	16,6	16,6
Bindemittelgehalt in Volumen-% _______ Vol.-%	10,6	11,3	12,1
Ausfüllungsgrad (HFB) _______ %	62,7	68,1	72,9
Marshallsteifheit (QM = SM/FM) _______ QM	3,7	3,0	2,3

Eingebaut wird Mischung Nr. II.

ZTV bit – StB 84, 2. Asphaltbinder, Tabelle 2.1.1. **Körnung 0/22,** Bild 2.1, 7 cm dick, mit ca. 170 kg/m² maschinell einbauen.

Asphaltbinder 0/22

Lohnkosten	h/m²	DM/m²	Eigene Werte h/m²	Eigene Werte DM/m²
Einbaukolonne = Mann				
Schwarzdeckenfertiger = 1 Mann				
Gummiradwalze = 1 Mann				
Vibrationswalze = 1 Mann				
Spritzmaschine = 2 Mann				
___ Mann				
$\dfrac{\text{Mann} \times 8\,\text{h}}{\text{Tagesleistung}} = $ ___ h/m²				
Mittellohn (DM × h/m²):				
Summe:				

Materialkosten (Stoffkosten)	DM/t	DM/m²	Eigene Werte DM/t	Eigene Werte DM/m²
Mischrezept:				
Körnungen Gew.-% DM DM/t				
Diabas-Splitt 16/22 × =				
Diabas-Splitt 11/16 × =				
Diabas-Splitt 8/11 × =				
Diabas-Splitt 5/8 × =				
Diabas-Splitt 2/5 × =				
Diabas-Brechsand × =				
Natursand 0/2 × =				
Gesteinsmehl × =				
100,0 %				
Gewichts-% Bitumen im Mischgut				
B 65 = ___ % × ___ DM/t = ___				
Summe:				

	DM/t	DM/m²		
Materialkosten = ___ DM/t				
Streuverlust: ___ DM/t × 0,170 t/m² × 1,03 =				

Vorhaltekosten der Geräte	BGL 1991	DM/Monat	DM/m²	Eigene Werte DM/Monat	Eigene Werte DM/m²
Schwarzdeckenfertiger	5202-0070				
Gummiradwalze	3610-1600				
Vibrationswalze	3615-0640				
Spritzmaschine	5240-1000				
$\dfrac{\text{Vorhaltekosten im Monat}}{170\,\text{h}} \times 8\,\text{h} = $ ___ = ___ Tagesleistung					
Gesamtsumme:					

1.3 Bituminöse Fahrbahndecken

t **Asphaltbeton, Körnung 0/8,** für Bauklasse IV–V (splittreich) gemäß ZTV bit – StB 84, 3. Asphaltbeton, Tabelle 3.1.4 Körnung 0/8 mm, Bild 3.4, mit Schwarzdeckenfertiger heiß einbauen. Nicht mit einem Fertiger zu erreichende Flächen sind von Hand einzubauen. Mit einer Vibrationswalze oder Gummiradwalze so verdichten, daß damit eine standfeste Asphaltbetonschicht entsteht, deren Lagerungsdichte sich unter dem Verkehr nur wenig verändert.

Folgender Aufbau des Mineralgemisches wird angestrebt:

Edelsplitt 16/22 mm (Gesteinsart: Diabas)	Gew.-%
Edelsplitt 11/16 (Gesteinsart: Diabas)	Gew.-%
Edelsplitt 8/11 (Gesteinsart: Diabas)	Gew.-%
Edelsplitt 5/8 (Gesteinsart: Diabas)	26,0 Gew.-%
Edelsplitt 2/5 (Gesteinsart: Diabas)	19,0 Gew.-%
Edelbrechsand	26,5 Gew.-%
Natursand 0/2	22,0 Gew.-%
Gesteinsmehl	6,5 Gew.-%
	100,0 Gew.-%

Gew.-% Bitumen B 65 im Mischgut: 6,4 % (für 1 t)

Der Bindemittelgehalt und die endgültige Kornzusammensetzung sind in der Eignungsprüfung nachzuweisen.

Eignungs-Prüfung Eigenschaften des Mischgutes	I	II	III
Gewichtsteile Bitumen 65 auf 100 % Mineral ~~Gewichts-% Bitumen 65 im Mischgut~~			
Marshallstabilität (SM) _______ KN			
Marshallfließwert (FM) _______ mm			
Rohdichte _______ g/cm³			
Raumdichte _______ g/cm³			
Hohlraumgehalt (berechnet) _______ Vol.-%			
Hohlraum-Mineralgemisch (HM bit) _______ Vol.-%			
Bindemittelgehalt in Volumen-% _______ Vol.-%			
Ausfüllungsgrad (HFB) _______ %			
Marshallsteifheit (QM = SM/FM) _______ QM			

Eingebaut wird Mischung Nr.

Eignungsprüfung für Asphaltbeton 0/8 mm (splittreich)
für Bauklasse: IV–V

Mineral-handels-Körnung	Mineralstoffe							
	Diabas-Splitt 11/16	Diabas-Splitt 8/11	Diabas-Splitt 5/8	Diabas-Splitt 2/5	Diabas-Brech-sand	Natursand 0/2	Kalkstein-mehl	Mineral-stoff-gemisch %
über 31,5	—	—	—	—	—	—	—	—
22,4 –31,5	—	—	—	—	—	—	—	—
16,0 –22,4	—	—	—	—	—	—	—	—
11,2 –16,0	—	—	—	—	—	—	—	—
8,0 –11,2	—	—	5,2	—	—	—	—	1,4
5,0 – 8,0	—	—	86,6	7,4	—	—	—	23,9
2,0 – 5,0	—	—	8,2	82,6	2,0	2,7	—	18,7
0,71– 2,0	—	—	—	10,0	37,3	6,7	—	13,3
0,25– 0,71	—	—	—	—	28,7	41,5	—	16,7
0,09– 0,25	—	—	—	—	17,3	47,1	10,2	15,7
unter 0,09	—	—	—	—	14,7	2,5	89,8	10,3

Mineralstoffgemisch: 8,0 – 2,0 = 44,0; 0,71 – 0,09 = 45,7

Mischrezept		Gew.-%	Herkunft der Mineralstoffe
Diabas-Splitt	5/8	26,0	Hunneberg/Harz
Diabas-Splitt	2/5	19,0	Hunneberg/Harz
Diabas-Brechsand		26,5	Hunneberg/Harz
Natursand	0/2	22,0	Caputh/Peetz
Gesteinsmehl		6,5	Kalksteinwerke Rüdersdorf

Eignungs-Prüfung

Mischung / Eigenschaften des Mischgutes	I	II	III
Gewichtsteile Bitumen 65 auf 100 % Mineral	6,5	6,84	7,18
Gewichts-% Bitumen 65 im Mischgut	6,1	6,4	6,7
Marshallstabilität (SM) ___ KN	10,5	11,2	10,8
Marshallfließwert (FM) ___ mm	2,9	3,7	4,4
Rohdichte ___ g/cm³	2,550	2,538	2,526
Raumdichte ___ g/cm³	2,474	2,485	2,488
Hohlraumgehalt (berechnet) ___ Vol.-%	3,0	2,1	1,5
Hohlraum-Mineralgemisch (HM bit) ___ Vol.-%	17,7	17,5	17,7
Bindemittelgehalt in Volumen-% ___ Vol.-%	14,7	15,4	16,2
Ausfüllungsgrad (HFB) ___ %	83,0	88,0	91,5
Marshallsteifheit (QM = SM/FM) ___ QM	3,6	3,0	2,5

Eingebaut wird Mischung Nr. II.

1.3 Bituminöse Fahrbahndecken

ZTV bit – StB 84, 3. Asphaltbeton, Tabelle 3.1.1, **Körnung 0/16 S,** Bild 3.1, 6 cm dick, mit ca. 150 kg/m² maschinell einbauen.	Asphaltbeton 0/16 S

Lohnkosten	h/m²	DM/m²	Eigene Werte h/m²	DM/m²
Einbaukolonne = 5 Mann Schwarzdeckenfertiger = 1 Mann Gummiradwalze = 1 Mann Vibrationswalze = 1 Mann Spritzmaschine = 2 Mann ——— 10 Mann $\dfrac{10 \text{ Mann} \times 8 \text{ h}}{\text{Tagesleistung}} = $ ___ h/m² Mittellohn (DM × h/m²):				
Summe:				

Materialkosten (Stoffkosten)	DM/t	DM/m²	Eigene Werte DM/t	DM/m²
Mischrezept: Körnungen Gew.-% DM DM/t Diabas-Splitt 16/22 ___ × ___ = ___ Diabas-Splitt 11/16 × = Diabas-Splitt 8/11 × = Diabas-Splitt 5/8 × = Diabas-Splitt 2/5 × = Diabas-Brechsand – × = Natursand 0/2 × = Gesteinsmehl × = ——— 100,0 % Gewichts-% Bitumen im Mischgut B 65 = ___ % × ___ DM/t = ___				
Summe:				

	DM/t	DM/m²		
Materialkosten = ___ DM/t Streuverlust: ___ DM/t × 0,150 t/m² × 1,03 =				

Vorhaltekosten der Geräte	BGL 1991	DM/Monat	DM/m²	Eigene Werte DM/Monat	DM/m²
Schwarzdeckenfertiger	5202-0070				
Gummiradwalze	3610-1600				
Vibrationswalze	3615-0640				
Spritzmaschine	5240-1000				
$\dfrac{\text{Vorhaltekosten im Monat}}{170 \text{ h}} \times 8 \text{ h} = $ ___ = Tagesleistung					
Gesamtsumme:					

ZTV bit – StB 84, 3. Asphaltbeton, Tabelle 3.1.2 **Körnung 0/11 S,** Bild 3.2, 4 cm dick, mit ca. 95 kg/m² maschinell einbauen.		Asphaltbeton 0/11 S	

Lohnkosten	h/m²	DM/m²	**Eigene Werte** h/m²	DM/m²
Einbaukolonne = 5 Mann Schwarzdeckenfertiger = 1 Mann Gummiradwalze = 1 Mann Vibrationswalze = 1 Mann Spritzmaschine = 2 Mann ————— 10 Mann $\dfrac{10 \text{ Mann} \times 8\text{ h}}{\text{Tagesleistung}}$ = ____ h/m² Mittellohn (DM × h/m²):				
Summe:				

Materialkosten (Stoffkosten)	DM/t	DM/m²	**Eigene Werte** DM/t	DM/m²
Mischrezept: Körnungen Gew.-% DM DM/t Diabas-Splitt 16/22 ___ × ___ = ___ Diabas-Splitt 11/16 ___ × ___ = ___ Diabas-Splitt 8/11 × = Diabas-Splitt 5/8 × = Diabas-Splitt 2/5 × = Diabas-Brechsand – × = Natursand 0/2 × = Gesteinsmehl × = ————— 100,0 % Gewichts-% Bitumen im Mischgut B 65 = _____ % × _____ DM/t = _____				
Summe:				

	DM/t	DM/m²		
Materialkosten = _____ DM/t Streuverlust: _____ DM/t × 0,095 t/m² × 1,03 =				

Vorhaltekosten der Geräte	BGL 1991	DM/Monat	DM/m²	**Eigene Werte** DM/Monat	DM/m²
Schwarzdeckenfertiger Gummiradwalze Vibrationswalze Spritzmaschine	5202-0070 3610-1600 3615-0640 5240-1000				
$\dfrac{\text{Vorhaltekosten im Monat}}{170 \text{ h}}$ × 8 h = _____ / Tagesleistung = ____					
Gesamtsumme:					

1.3 Bituminöse Fahrbahndecken

ZTV bit – StB 84, 3. **Asphaltbeton**, Tabelle 3.1.3 **Körnung 0/11**, Bild 3.3, 4,5 cm dick, mit ca. 115 kg/m² maschinell einbauen.	Asphaltbeton 0/11

Lohnkosten			**Eigene Werte**	
	h/m^2	DM/m^2	h/m^2	DM/m^2
Einbaukolonne = 5 Mann				
Schwarzdeckenfertiger = 1 Mann				
Gummiradwalze = 1 Mann				
Vibrationswalze = 1 Mann				
Spritzmaschine = 2 Mann				
10 Mann				
$\dfrac{10 \text{ Mann} \times 8\,h}{\text{Tagesleistung}} = \quad h/m^2$				
Mittellohn (DM × h/m^2):				
Summe:				

Materialkosten (Stoffkosten)			**Eigene Werte**	
	DM/t	DM/m^2	DM/t	DM/m^2
Mischrezept:				
Körnungen Gew.-% DM DM/t				
Diabas-Splitt 16/22 ___ × ___ = ___				
Diabas-Splitt 11/16 ___ × ___ = ___				
Diabas-Splitt 8/11 × =				
Diabas-Splitt 5/8 × =				
Diabas-Splitt 2/5 × =				
Diabas-Brechsand – × =				
Natursand 0/2 × =				
Gesteinsmehl × =				
100,0 %				
Gewichts-% Bitumen im Mischgut				
B 65 = ___ % × ___ DM/t = ___				
Summe:				

	DM/t	DM/m^2		
Materialkosten = ___ DM/t				
Streuverlust: ___ DM/t × 0,115 t/m² × 1,03 =				

Vorhaltekosten der Geräte	BGL 1991	DM/Monat	DM/m^2	**Eigene Werte**	
				DM/Monat	DM/m^2
Schwarzdeckenfertiger	5202-0070				
Gummiradwalze	3610-1600				
Vibrationswalze	3615-0640				
Spritzmaschine	5240-1000				
$\dfrac{\text{Vorhaltekosten im Monat}}{170\,h} \times 8\,h = \dfrac{\quad}{\text{Tagesleistung}}$			=		
Gesamtsumme:					

<table>
<tr><td colspan="2" rowspan="2">ZTV bit – StB 84, 3. Asphaltbeton, Tabelle 3.1.4 Körnung 0/8,
Bild 3.4, 3,5 cm dick, mit ca. 85 kg/m² maschinell einbauen.</td><td colspan="2">Asphaltbeton
0/8</td></tr>
<tr></tr>
<tr><td rowspan="2">Lohnkosten</td><td rowspan="2">h/m²</td><td rowspan="2">DM/m²</td><td colspan="2">Eigene Werte</td></tr>
<tr><td>h/m²</td><td>DM/m²</td></tr>
<tr><td colspan="2">Einbaukolonne   = 5 Mann
Schwarzdeckenfertiger = 1 Mann
Gummiradwalze   = 1 Mann
Vibrationswalze   = 1 Mann
Spritzmaschine   = 2 Mann
————————————
                  10 Mann

$\dfrac{10\ \text{Mann} \times 8\ \text{h}}{\text{Tagesleistung}}$ = ____ h/m²
Mittellohn (DM × h/m²):</td><td></td><td></td><td></td></tr>
<tr><td colspan="2">Summe:</td><td></td><td></td><td></td></tr>
<tr><td rowspan="2">Materialkosten (Stoffkosten)</td><td rowspan="2">DM/t</td><td rowspan="2">DM/m²</td><td colspan="2">Eigene Werte</td></tr>
<tr><td>DM/t</td><td>DM/m²</td></tr>
<tr><td colspan="2">Mischrezept:

Körnungen   Gew.-%   DM   DM/t
Diabas-Splitt 16/22 ____ × ____ = ____
Diabas-Splitt 11/16 ____ × ____ = ____
Diabas-Splitt   8/11 ____ × ____ = ____
Diabas-Splitt   5/8 26,0 ×   =
Diabas-Splitt   2/5 19,0 ×   =
Diabas-Brechsand – 26,5 ×   =
Natursand   0/2 22,0 ×   =
Gesteinsmehl   6,5 ×   =
                100,0 %
Gewichts-% Bitumen im Mischgut
B 65 = 6,40 % × ____________ DM/t = __________</td><td></td><td></td><td></td></tr>
<tr><td colspan="2">Summe:</td><td></td><td></td><td></td></tr>
<tr><td colspan="2"></td><td>DM/t</td><td>DM/m²</td><td></td><td></td></tr>
<tr><td colspan="2">Materialkosten = ______ DM/t

Streuverlust: ______ DM/t × 0,085 t/m² × 1,03 =</td><td></td><td></td><td></td><td></td></tr>
<tr><td rowspan="2">Vorhaltekosten der Geräte</td><td rowspan="2">BGL 1991</td><td rowspan="2">DM/Monat</td><td rowspan="2">DM/m²</td><td colspan="2">Eigene Werte</td></tr>
<tr><td>DM/Monat</td><td>DM/m²</td></tr>
<tr><td>Schwarzdeckenfertiger
Gummiradwalze
Vibrationswalze
Spritzmaschine</td><td>5202-0070
3610-1600
3615-0640
5240-1000</td><td></td><td></td><td></td><td></td></tr>
<tr><td colspan="2">$\dfrac{\text{Vorhaltekosten im Monat}}{170\ \text{h}}$ × 8 h = __________ =</td><td></td><td>____
Tagesleistung</td><td></td><td></td></tr>
<tr><td colspan="2">Gesamtsumme:</td><td></td><td></td><td></td><td></td></tr>
</table>

1.3 Bituminöse Fahrbahndecken

<table>
<tr><td colspan="5">ZTV bit – StB 84, 3. Asphaltbeton, Tabelle 3.1.5 Körnung 0/5,
Bild 3.5, 3,0 cm dick, mit ca. 75 kg/m² maschinell einbauen.</td><td colspan="2">Asphaltbeton
0/5</td></tr>
<tr><td rowspan="2">Lohnkosten</td><td rowspan="2">h/m²</td><td rowspan="2">DM/m²</td><td colspan="2">Eigene Werte</td></tr>
<tr><td>h/m²</td><td>DM/m²</td></tr>
</table>

Einbaukolonne = 5 Mann
Schwarzdeckenfertiger = 1 Mann
Gummiradwalze = 1 Mann
Vibrationswalze = 1 Mann
Spritzmaschine = 2 Mann
____
10 Mann

$$\frac{10 \text{ Mann} \times 8 \text{ h}}{\text{Tagesleistung}} = \underline{\qquad} \text{ h/m}^2$$

Mittellohn (DM × h/m²): _____

Summe:

Materialkosten (Stoffkosten)	DM/t	DM/m²	**Eigene Werte** DM/t	DM/m²

Mischrezept:

Körnungen		Gew.-%	DM	DM/t
Diabas-Splitt	16/22	_____ ×	_____	= _____
Diabas-Splitt	11/16	_____ ×	_____	= _____
Diabas-Splitt	8/11	_____ ×	_____	= _____
Diabas-Splitt	5/8	_____ ×	_____	= _____
Diabas-Splitt	2/5	×	=	
Diabas-Brechsand	–	×	=	
Natursand	0/2	×	=	
Gesteinsmehl		×	=	
		100,0 %		

Gewichts-% Bitumen im Mischgut

B 80 = _________ % × _________ DM/t = _________

Summe:

	DM/t	DM/m²

Materialkosten = _____ DM/t

Streuverlust: _____ DM/t × 0,075 t/m² × 1,03 = _____   _____

Vorhaltekosten der Geräte	BGL 1991	DM/Monat	DM/m²	**Eigene Werte** DM/Monat	DM/m²
Schwarzdeckenfertiger	5202-0070				
Gummiradwalze	3610-1600				
Vibrationswalze	3615-0640				
Spritzmaschine	5240-1000				

$$\frac{\text{Vorhaltekosten im Monat}}{170 \text{ h}} \times 8 \text{ h} = \underline{\qquad}_{\text{Tagesleistung}} = \underline{\qquad}$$

Gesamtsumme:

t   **Splittmastixasphalt, Körnung 0/11 S,** für Bauklasse II–V gemäß ZTV bit – StB 84, 4. Splittmastixasphalt, Tabelle 4.1.1 Körnung 0/11 mm, Bild 4.1, mit einem Schwarzdeckenfertiger heiß und profilgerecht einbauen. Mit einer Vibrationswalze so verdichten, daß damit eine standfeste Deckschicht entsteht, deren Lagerungsdichte sich unter dem Verkehr nur wenig verändert.
Die gleichzeitige Verwendung hoher Bindemittelgehalte erfordert die Zugabe stabilisierender Zusätze.

Folgender Aufbau des Mineralgemisches wird angestrebt:

Edelsplitt 16/22 mm (Gesteinsart: Diabas)	Gew.-%
Edelsplitt 11/16 (Gesteinsart: Diabas)	Gew.-%
Edelsplitt 8/11 (Gesteinsart: Diabas)	Gew.-%
Edelsplitt 5/8 (Gesteinsart: Diabas)	Gew.-%
Edelsplitt 2/5 (Gesteinsart: Diabas)	Gew.-%
Edelbrechsand	Gew.-%
Edelbrechsand	Gew.-%
Natursand 0/2	Gew.-%
Gesteinsmehl	Gew.-%
	100,0 Gew.-%

Gew.-% Bitumen B 65 im Mischgut: % (für 1 t)

Der Bindemittelgehalt und die endgültige Kornzusammensetzung sind in der Eignungsprüfung nachzuweisen.

Eignungs-Prüfung Eigenschaften des Mischgutes	I	II	III
Gewichtsteile Bitumen 65 auf 100 % Mineral			
Gewichts-% Bitumen 65 im Mischgut			
Marshallstabilität (SM) _______________ KN			
Marshallfließwert (FM) _______________ mm			
Rohdichte _______________ g/cm^3			
Raumdichte _______________ g/cm^3			
Hohlraumgehalt (berechnet) _______________ Vol.-%			
Hohlraum-Mineralgemisch (HM bit) _______________ Vol.-%			
Bindemittelgehalt in Volumen-% _______________ Vol.-%			
Ausfüllungsgrad (HFB) _______________ %			
Marshallsteifheit (QM = SM/FM) _______________ QM			

Eingebaut wird Mischung Nr.

1.3 Bituminöse Fahrbahndecken

ZTV bit – StB 84, 4. Splittmastixasphalt, Tabelle 4.1.1 **Körnung** 0/11 S, Bild 4.1, 5 cm dick, mit ca. 125 kg/m² maschinell einbauen.	Splittmastixasphalt 0/11 S

Lohnkosten	h/m²	DM/m²	**Eigene Werte** h/m²	DM/m²
Einbaukolonne = 5 Mann Schwarzdeckenfertiger = 1 Mann Gummiradwalze = 1 Mann Vibrationswalze = 1 Mann Spritzmaschine = 2 Mann 10 Mann $\dfrac{10 \text{ Mann} \times 8 \text{ h}}{\text{Tagesleistung}}$ = h/m² Mittellohn (DM × h/m²):				
Summe:				

Materialkosten (Stoffkosten)	DM/t	DM/m²	**Eigene Werte** DM/t	DM/m²
Mischrezept: Körnungen Gew.-% DM DM/t Diabas-Splitt 16/22 ___ × ___ = ___ Diabas-Splitt 11/16 ___ × ___ = ___ Diabas-Splitt 8/11 × = Diabas-Splitt 5/8 × = Diabas-Splitt 2/5 × = Diabas-Brechsand – × = Natursand 0/2 × = Gesteinsmehl × = 100,0 % Gewichts-% Bitumen im Mischgut B 65 = ___ % × ___ DM/t = ___				
Summe:				

	DM/t	DM/m²		
Materialkosten = ___ DM/t Streuverlust: ___ DM/t × 0,125 t/m² × 1,03 =				

Vorhaltekosten der Geräte	BGL 1991	DM/Monat	DM/m²	**Eigene Werte** DM/Monat	DM/m²
Schwarzdeckenfertiger Gummiradwalze Vibrationswalze Spritzmaschine	5202-0070 3610-1600 3615-0640 5240-1000				
$\dfrac{\text{Vorhaltekosten im Monat}}{170 \text{ h}}$ × 8 h = ___ = (Tagesleistung)					
Gesamtsumme:					

ZTV bit – StB 84, 4. Splittmastixasphalt, Tabelle 4.1.2 **Körnung** 0/8, Bild 4.2, 4 cm dick, mit ca. 100 kg/m^2 maschinell einbauen.			Splittmastixasphalt 0/8 S	
Lohnkosten	h/m^2	DM/m^2	**Eigene Werte** h/m^2	DM/m^2
Einbaukolonne = 5 Mann Schwarzdeckenfertiger = 1 Mann Gummiradwalze = 1 Mann Vibrationswalze = 1 Mann Spritzmaschine = 2 Mann 10 Mann $\frac{10\ \text{Mann} \times 8\ \text{h}}{\text{Tagesleistung}}$ = h/m^2 Mittellohn (DM $\times$ h/m^2):				
Summe:				
Materialkosten (Stoffkosten)	DM/t	DM/m^2	**Eigene Werte** DM/t	DM/m^2
Mischrezept: Körnungen Gew.-% DM DM/t Diabas-Splitt 16/22 ___ $\times$ ___ = ___ Diabas-Splitt 11/16 ___ $\times$ ___ = ___ Diabas-Splitt 8/11 ___ $\times$ ___ = ___ Diabas-Splitt 5/8 $\times$ = Diabas-Splitt 2/5 $\times$ = Diabas-Brechsand – $\times$ = Natursand 0/2 $\times$ = Gesteinsmehl $\times$ = 100,0 % Gewichts-% Bitumen im Mischgut B 65 = ___ % $\times$ ___ DM/t = ___ Stabilisierende Zusätze =				
Summe:				
	DM/t	DM/m^2		
Materialkosten = ___ DM/t Streuverlust: ___ DM/t $\times$ 0,100 t/m^2 $\times$ 1,03 =				
Vorhaltekosten der Geräte	BGL 1991	DM/Monat	DM/m^2	**Eigene Werte** DM/Monat	DM/m^2
Schwarzdeckenfertiger Gummiradwalze Vibrationswalze Spritzmaschine	5202-0070 3610-1600 3615-0640 5240-1000				
$\frac{\text{Vorhaltekosten im Monat}}{170\ \text{h}} \times 8\ \text{h} =$ ___ = $\frac{}{\text{Tagesleistung}}$				
Gesamtsumme:				

1.3 Bituminöse Fahrbahndecken

| **ZTV bit – StB 84, 4. Splittmastixasphalt,** Tabelle 4.1.3 **Körnung** 0/8, Bild 4.2, 2 cm dick, mit ca. 45 kg/m² maschinell einbauen. | | Splittmastixasphalt 0/8 | |

Lohnkosten	h/m²	DM/m²	Eigene Werte h/m²	DM/m²
Einbaukolonne = 5 Mann Schwarzdeckenfertiger = 1 Mann Gummiradwalze = – Mann Vibrationswalze = 1 Mann Spritzmaschine = 2 Mann 9 Mann				
$\dfrac{9\ \text{Mann} \times 8\ \text{h}}{\text{Tagesleistung}}$ = ______ h/m² Mittellohn (DM × h/m²): ______				
Summe:				

Materialkosten (Stoffkosten)	DM/t	DM/m²	Eigene Werte DM/t	DM/m²
Mischrezept: Körnungen Gew.-% DM DM/t Diabas-Splitt 16/22 ___ × ___ = ___ Diabas-Splitt 11/16 ___ × ___ = ___ Diabas-Splitt 8/11 ___ × ___ = ___ Diabas-Splitt 5/8 × = Diabas-Splitt 2/5 × = Diabas-Brechsand – × = Natursand 0/2 × = Gesteinsmehl × = 100,0 % Gewichts-% Bitumen im Mischgut B 80 = ______ % × ______ DM/t = ______ Stabilisierende Zusätze =				
Summe:				

	DM/t	DM/m²		
Materialkosten = ______ DM/t				
Streuverlust: ______ DM/t × 0,045 t/m² × 1,03 =				

Vorhaltekosten der Geräte	BGL 1991	DM/Monat	DM/m²	Eigene Werte DM/Monat	DM/m²
Schwarzdeckenfertiger	5202-0070				
Gummiradwalze					
Vibrationswalze	3615-0640				
Spritzmaschine	5240-1000				
$\dfrac{\text{Vorhaltekosten im Monat}}{170\ \text{h}}$ × 8 h = ______ Tagesleistung = ______					
Gesamtsumme:					

| **ZTV bit – StB 84, 4. Splittmastixasphalt,** Tabelle 4.1.4 **Körnung** 0/5, Bild 4.3, 3 cm dick, mit ca. 75 kg/m² maschinell einbauen. | | | Splittmastixasphalt 0/5 | |

Lohnkosten	h/m²	DM/m²	**Eigene Werte** h/m²	DM/m²
Einbaukolonne = 5 Mann Schwarzdeckenfertiger = 1 Mann Gummiradwalze = – Mann Vibrationswalze = 1 Mann Spritzmaschine = 2 Mann 9 Mann $\dfrac{9 \text{ Mann} \times 8 \text{ h}}{\text{Tagesleistung}}$ = ____ h/m² Mittellohn (DM × h/m²):				
Summe:				

Materialkosten (Stoffkosten)	DM/t	DM/m²	**Eigene Werte** DM/t	DM/m²
Mischrezept: Körnungen Gew.-% DM DM/t Diabas-Splitt 16/22 ____ × ____ = ____ Diabas-Splitt 11/16 ____ × ____ = ____ Diabas-Splitt 8/11 ____ × ____ = ____ Diabas-Splitt 5/8 ____ × ____ = ____ Diabas-Splitt 2/5 × = Diabas-Brechsand – × = Natursand 0/2 × = Gesteinsmehl × = 100,0 % Gewichts-% Bitumen im Mischgut B 80 = ____ % × ____ DM/t = ____				
Summe:				

	DM/t	DM/m²		
Materialkosten = ____ DM/t Streuverlust: ____ DM/t × 0,075 t/m² × 1,03 =				

Vorhaltekosten der Geräte	BGL 1991	DM/Monat	DM/m²	**Eigene Werte** DM/Monat	DM/m²
Schwarzdeckenfertiger	5202-0070				
Gummiradwalze					
Vibrationswalze	3615-0640				
Spritzmaschine	5240-1000				
$\dfrac{\text{Vorhaltekosten im Monat}}{170 \text{ h}}$ × 8 h = ____ $=$ Tagesleistung					
Gesamtsumme:					

1.3 Bituminöse Fahrbahndecken

t **Gußasphalt Körnung 0/11 mm,** ZTV bit – StB 84, 5. Gußasphalt, Tabelle 5.1.1 Körnung 0/11 mm S, Bild 5.1, maschinell einbauen.
Nicht mit einem Fertiger zu erreichende Flächen sind von Hand einzubauen.

Folgender Aufbau des Mineralgemisches wird angestrebt:

Edelsplitt 8/11 (Gesteinsart: Diabas)	15,0 Gew.-%
Edelsplitt 5/8 (Gesteinsart: Diabas)	16,0 Gew.-%
Edelsplitt 2/5 (Gesteinsart: Diabas)	19,0 Gew.-%
Edelbrechsand	17,0 Gew.-%
Natursand	11,0 Gew.-%
Gesteinsmehl	22,0 Gew.-%
	100,0 Gew.-%

Gew.-% Bitumen B 65 im Mischgut: 7,4 % (für 1 t)

Eindringtiefe am Normalwürfel nach 30 Minuten höchstens 2,5 mm, Zunahme nach weiteren 30 Minuten höchstens 0,6 mm.
Die Oberfläche des heißen Gußasphaltes, mit Ausnahme der Rinnsohle, mit 5–8 kg/m^2 umhülltem Edelsplitt, Körnung 2/5 mm, gleichmäßig abstreuen. Die Rinnsohle mit Sand abreiben.

Eignungs-Prüfung Eigenschaften des Mischgutes	I	II	III
Gewichtsanteile Bitumen 45 auf 100 % Mineral			
Gewichts-% Bitumen 45 im Mischgut			
Marshallstabilität (SM) _________ KN			
Marshallfließwert (FM) _________ mm			
Rohdichte _________ g/cm^3			
Raumdichte _________ g/cm^3			
Hohlraumgehalt (berechnet) _________ Vol.-%			
Hohlraum-Mineralgemisch (HM bit) _________ Vol.-%			
Bindemittelgehalt in Volumen-% _________ Vol.-%			
Ausfüllungsgrad (HFB) _________ %			
Marshallsteifheit (QM = SM/FM) _________ QM			

Eingebaut wird Mischung Nr.

<table>
<tr><td colspan="2">ZTV bit – StB 84, 5. Gußasphalt, Tabelle 5.1.1 Körnung 0/11 S,
Bild 5.1, 4 cm dick, mit ca. 96 kg/m² maschinell einbauen.</td><td colspan="2" align="center">Gußasphalt
0/11 S</td></tr>
</table>

Lohnkosten	h/m²	DM/m²	**Eigene Werte** h/m²	DM/m²
Einbaukolonne = 3 Mann				
Gußasphalteinbauzug = 5 Mann				
Fugen vergießen = 2 Mann				
Gußasphalt transportieren = 4 Mann				
(Kraftfahrer)				
14 Mann				
$\dfrac{14\ \text{Mann} \times 8\ \text{h}}{\text{Tagesleistung}}$ = h/m²				
Mittellohn (DM × h/m²):				
Summe:				

Materialkosten (Stoffkosten)	DM/t	DM/m²	**Eigene Werte** DM/t	DM/m²
Mischrezept:				
Körnungen Gew.-% DM DM/t				
Diabas-Splitt 8/11 15,0 × =				
Diabas-Splitt 5/8 16,0 × =				
Diabas-Splitt 2/5 19,0 × =				
Diabas-Brechsand – 17,0 × =				
Natursand 0/2 11,0 × =				
Gesteinsmehl 22,0 × =				
100,0 %				
Gewichts-% Bitumen im Mischgut				
B 45 = 7,4 % × ______ DM/t = ______				
Summe:				

	DM/t	DM/m²		
Materialkosten = ______ DM/t				
Streuverlust: ______ DM/t × 0,096 t/m² × 1,03 =				
Abstreumenge: Edelsplitt 2/5 mm, 5–8 kg/m²				

Vorhaltekosten der Geräte	BGL 1991	DM/Monat	DM/m²	**Eigene Werte** DM/Monat	DM/m²
Gußasphalteinbauzug	5323-0750				
Gußasphaltkocher	5301-0060				
Gußasphaltaufsatzkocher	5310-0080				
Bitumenkocher	5661-0500				
Nahtanwärmgerät	5220-0065				
Fahrschienen					
$\dfrac{\text{Vorhaltekosten im Monat}}{170\ \text{h}}$ × 8 h = ______ = $\overline{}$ Tagesleistung					
Gesamtsumme:					

1.3 Bituminöse Fahrbahndecken

t **Haltestellengußasphalt, Körnung 0/11 mm,** von Hand einbauen und mit umhülltem Edelsplitt abstreuen. Gußasphalt 0/11 mm für Bushaltestellen einbauen, einschl. Herstellen und Vergießen aller Fugen.

Folgender Aufbau des Mineralgemisches wird angestrebt:

Edelsplitt 8/11 (Gesteinsart: Diabas)	15,0 Gew.-%
Edelsplitt 5/8 (Gesteinsart: Diabas)	15,0 Gew.-%
Edelsplitt 2/5 (Gesteinsart: Diabas)	20,0 Gew.-%
Edelbrechsand	13,0 Gew.-%
Natursand 0/2	13,0 Gew.-%
Gesteinsmehl	24,0 Gew.-%
	100,0 Gew.-%

Gew.-% Bitumen B 65 im Mischgut: 7,2 % (für 1 t)

Bindemittelüberschuß höchstens 2,5 Vol.-%, Eindringtiefe am Normalwürfel nach 30 Minuten höchstens 1,5 mm, Zunahme nach weiteren 30 Minuten höchstens 0,3 mm.
Zu verwenden ist Bitumen B 45 mit einem zugelassenen Zusatz.
Einbau von Hand.
Die Oberfläche des heißen Gußasphaltes, mit Ausnahme der Rinnsohle, mit 5–8 kg/m^2 umhülltem Edelsplitt, Körnung 2/5, gleichmäßig abstreuen. Die Rinnsohle mit Sand abreiben.
Der Bindemittelgehalt und die endgültige Kornzusammensetzung sind in der Eignungsprüfung nachzuweisen.

Eignungs-Prüfung Eigenschaften des Mischgutes	I	II	III
Gewichtsteile Bitumen 45 auf 100 % Mineral			
Gewichts-% Bitumen 45 im Mischgut			
Marshallstabilität (SM) ____ KN			
Marshallfließwert (FM) ____ mm			
Rohdichte ____ g/cm^3			
Raumdichte ____ g/cm^3			
Hohlraumgehalt (berechnet) ____ Vol.-%			
Hohlraum-Mineralgemisch (HM bit) ____ Vol.-%			
Bindemittelgehalt in Volumen-% ____ Vol.-%			
Ausfüllungsgrad (HFB) ____ %			
Marshallsteifheit (QM = SM/FM) ____ QM			

Eingebaut wird Mischung Nr.

<table>
<tr><td colspan="2">ZTV bit – StB 84, 5. Gußasphalt, Tabelle 5.1.1 Körnung 0/11 S,
Bild 5.1 (Haltestellengußasphalt), 4 cm dick, mit ca. 96 kg/m² (von
Hand einbauen).</td><td colspan="4" align="center">Gußasphalt
0/11 S</td></tr>
<tr><td colspan="2" rowspan="2">Lohnkosten</td><td rowspan="2">h/m²</td><td rowspan="2">DM/m²</td><td colspan="2" align="center">Eigene Werte</td></tr>
<tr><td>h/m²</td><td>DM/m²</td></tr>
<tr><td colspan="2">Einbaukolonne = 6 Mann
Gußasphalteinbauzug = – Mann
Fugen vergießen = – Mann
Gußasphalt transportieren = 1 Mann
(Kraftfahrer)

7 Mann

$\dfrac{7\ \text{Mann} \times 8\ \text{h}}{\text{Tagesleistung}}$ = h/m²
Mittellohn (DM × h/m²):</td><td></td><td></td><td></td><td></td></tr>
<tr><td colspan="2">Summe:</td><td></td><td></td><td></td><td></td></tr>
<tr><td colspan="2" rowspan="2">Materialkosten (Stoffkosten)</td><td rowspan="2">DM/t</td><td rowspan="2">DM/m²</td><td colspan="2" align="center">Eigene Werte</td></tr>
<tr><td>DM/t</td><td>DM/m²</td></tr>
<tr><td colspan="2">Mischrezept:
Körnungen   Gew.-%   DM   DM/t
Diabas-Splitt   8/11   15,0 ×   =
Diabas-Splitt   5/8   15,0 ×   =
Diabas-Splitt   2/5   20,0 ×   =
Diabas-Brechsand   –   13,0 ×   =
Natursand   0/2   13,0 ×   =
Gesteinsmehl   24,0 ×   =

100,0 %
Gewichts-% Bitumen im Mischgut
B 45 = 7,2 % × _________ DM/t = _________</td><td></td><td></td><td></td><td></td></tr>
<tr><td colspan="2">Summe:</td><td></td><td></td><td></td><td></td></tr>
<tr><td colspan="2"></td><td>DM/t</td><td>DM/m²</td><td></td><td></td></tr>
<tr><td colspan="2">Materialkosten = ______ DM/t

Streuverlust: ______ DM/t × 0,096 t/m² × 1,03 =</td><td></td><td></td><td></td><td></td></tr>
<tr><td colspan="2">Abstreumenge: Edelsplitt 2/5 mm, 5–8 kg/m²</td><td></td><td></td><td></td><td></td></tr>
<tr><td rowspan="2">Vorhaltekosten der Geräte</td><td rowspan="2">BGL 1991</td><td rowspan="2">DM/Monat</td><td rowspan="2">DM/m²</td><td colspan="2" align="center">Eigene Werte</td></tr>
<tr><td>DM/Monat</td><td>DM/m²</td></tr>
<tr><td>Gußasphaltkocher
Radschlepper/Unimog</td><td>5301-0020
2952-100</td><td></td><td></td><td></td><td></td></tr>
<tr><td colspan="2">$\dfrac{\text{Vorhaltekosten im Monat}}{170\ \text{h}}$ × 8 h = _________ =

            Tagesleistung</td><td></td><td></td><td></td><td></td></tr>
<tr><td colspan="2">Gesamtsumme:</td><td></td><td></td><td></td><td></td></tr>
</table>

1.3 Bituminöse Fahrbahndecken

ZTV bit – StB 84, 5. Gußasphalt, Tabelle 5.1.2 **Körnung 0/11,** Bild 5.1, 5 cm dick, mit ca. 100 kg/m² maschinell einbauen.			Gußasphalt 0/11	
			Eigene Werte	
Lohnkosten	h/m²	DM/m²	h/m²	DM/m²
Einbaukolonne = 3 Mann Gußasphalteinbauzug = 5 Mann Fugen vergießen = 2 Mann Gußasphalt transportieren = 4 Mann (Kraftfahrer) 14 Mann $\dfrac{14\ \text{Mann} \times 8\ \text{h}}{\text{Tagesleistung}}$ = ____ h/m² Mittellohn (DM × h/m²):				
Summe:				

Materialkosten (Stoffkosten)	DM/t	DM/m²	**Eigene Werte** DM/t	DM/m²
Mischrezept: Körnungen Gew.-% DM DM/t Diabas-Splitt 8/11 15,0 × = Diabas-Splitt 5/8 16,0 × = Diabas-Splitt 2/5 19,0 × = Diabas-Brechsand – 17,0 × = Natursand 0/2 11,0 × = Gesteinsmehl 22,0 × = 100,0 % Gewichts-% Bitumen im Mischgut B 45 = ______ % × ______ DM/t = ______				
Summe:				

	DM/t	DM/m²		
Materialkosten = ______ DM/t Streuverlust: ______ DM/t × 0,100 t/m² × 1,03 =				
Abstreumenge: Edelsplitt 2/5 mm, 5–8 kg/m²				

Vorhaltekosten der Geräte	BGL 1991	DM/Monat	DM/m²	**Eigene Werte** DM/Monat	DM/m²
Gußasphaltkocher	5323-0750				
Gußasphaltkocher	5301-0060				
Gußasphaltaufsatzkocher	5310-0080				
Bitumenkocher	5661-0500				
Nahtanwärmgerät	5220-0065				
Fahrschienen					
$\dfrac{\text{Vorhaltekosten im Monat}}{170\ \text{h}} \times 8\ \text{h} =$ ______ = ______ Tagesleistung					
Gesamtsumme:					

| **ZTV bit – StB 84, 5. Gußasphalt,** Tabelle 5.1.2 **Körnung 0/11,** Bild 5.1, 4 cm dick, mit ca. 96 kg/m^2 (von Hand einbauen). | | Gußasphalt 0/11 | |

Lohnkosten	h/m^2	DM/m^2	**Eigene Werte**	
			h/m^2	DM/m^2

Einbaukolonne	=	3 Mann
Gußasphalteinbauzug	=	5 Mann
Fugen vergießen	=	2 Mann
Gußasphalt transportieren	=	4 Mann
(Kraftfahrer)		
		14 Mann

$$\frac{14 \text{ Mann} \times 8 \text{ h}}{\text{Tagesleistung}} = \qquad \text{h/m}^2$$

Mittellohn (DM $\times$ h/m^2):

Summe:

Materialkosten (Stoffkosten)	DM/t	DM/m^2	**Eigene Werte**	
			DM/t	DM/m^2

Mischrezept:

Körnungen		Gew.-%	DM	DM/t
Diabas-Splitt	8/11	15,0 $\times$		=
Diabas-Splitt	5/8	16,0 $\times$		=
Diabas-Splitt	2/5	19,0 $\times$		=
Diabas-Brechsand	–	17,0 $\times$		=
Natursand	0/2	11,0 $\times$		=
Gesteinsmehl		22,0 $\times$		=
		100,0 %		

Gewichts-% Bitumen im Mischgut

B 45 = ________ % $\times$ ________ DM/t = ________

Summe:

	DM/t	DM/m^2		

Materialkosten = _____ DM/t

Streuverlust: _____ DM/t $\times$ 0,096 t/m^2 $\times$ 1,03 =

Abstreumenge: Edelsplitt 2/5 mm, 5–8 kg/m^2

Vorhaltekosten der Geräte	BGL 1991	DM/Monat	DM/m^2	**Eigene Werte**	
				DM/Monat	DM/m^2
Gußasphalteinbauzug					
Gußasphaltkocher	5301-0060				
Gußasphaltaufsatzkocher	5310-0080				
Bitumenkocher	5661-0500				
Nahtanwärmgerät	5220-0065				
Fahrschienen					

$$\frac{\text{Vorhaltekosten im Monat}}{170 \text{ h}} \times 8 \text{ h} = \underline{\qquad} \overset{\text{Tagesleistung}}{} = $$

Gesamtsumme:

1.3 Bituminöse Fahrbahndecken

| **ZTV bit – StB 84, 5. Gußasphalt,** Tabelle 5.1.3 **Körnung 0/8,** Bild 5.2, 3,5 cm dick, mit ca. 85 kg/m² maschinell einbauen. | Gußasphalt 0/8 | | | |

| **Lohnkosten** | h/m² | DM/m² | **Eigene Werte** | |
			h/m²	DM/m²
Einbaukolonne = 3 Mann Gußasphalteinbauzug = 5 Mann Fugen vergießen = 2 Mann Gußasphalt transportieren = 4 Mann (Kraftfahrer)				
14 Mann				
$\dfrac{14 \text{ Mann} \times 8 \text{ h}}{\text{Tagesleistung}}$ = h/m² Mittellohn (DM × h/m²):				
Summe:				

| **Materialkosten** (Stoffkosten) | DM/t | DM/m² | **Eigene Werte** | |
			DM/t	DM/m²
Mischrezept: Körnungen Gew.-% DM DM/t Diabas-Splitt 8/11 ___ × ___ = ___ Diabas-Splitt 5/8 × = Diabas-Splitt 2/5 × = Diabas-Brechsand × = Natursand 0/2 × = Gesteinsmehl × =				
100,0 % Gewichts-% Bitumen im Mischgut B 45 = ___ % × ___ DM/t = ___				
Summe:				

	DM/t	DM/m²		
Materialkosten = ___ DM/t Streuverlust: ___ DM/t × 0,085 t/m² × 1,03 =				
Abstreumenge: Edelsplitt 2/5 mm, 5–8 kg/m²				

| **Vorhaltekosten der Geräte** | BGL 1991 | DM/Monat | DM/m² | **Eigene Werte** | |
				DM/Monat	DM/m²
Gußasphalteinbauzug	5323-0750				
Gußasphaltkocher	5301-0060				
Gußasphaltaufsatzkocher	5310-0080				
Bitumenkocher	5661-0500				
Nahtanwärmgerät	5220-0065				
Fahrschienen					
$\dfrac{\text{Vorhaltekosten im Monat}}{170 \text{ h}}$ × 8 h = ___ = Tagesleistung					
Gesamtsumme:					

ZTV blt – StB 84, 5. Gußasphalt, Tabelle 5.1.3 **Körnung 0/8,** Bild 5.2, 3,5 cm dick, mit ca. 85 kg/m² (von Hand einbauen).

Gußasphalt 0/8

Lohnkosten		h/m²	DM/m²	Eigene Werte h/m²	DM/m²

Einbaukolonne = 6 Mann
Gußasphalteinbauzug = – Mann
Fugen vergießen = – Mann
Gußasphalt transportieren = 1 Mann
(Kraftfahrer)

____
7 Mann

$$\frac{7\ \text{Mann} \times 8\ \text{h}}{\text{Tagesleistung}} = \quad \text{h/m}^2$$

Mittellohn (DM × h/m²):

Summe:

Materialkosten (Stoffkosten)		DM/t	DM/m²	Eigene Werte DM/t	DM/m²

Mischrezept:

Körnungen		Gew.-%	DM	DM/t
Diabas-Splitt	8/11	____ ×	____ =	____
Diabas-Splitt	5/8	×	=	
Diabas-Splitt	2/5	×	=	
Diabas-Brechsand	–	×	=	
Natursand	0/2	×	=	
Gesteinsmehl		×	=	

100,0 %

Gewichts-% Bitumen im Mischgut
B 45 = _________ % × _________ DM/t = _________

Summe:

	DM/t	DM/m²		

Materialkosten = ______ DM/t

Streuverlust: ______ DM/t × 0,085 t/m² × 1,03 =

Abstreumenge: Edelsplitt 2/5 mm, 5–8 kg/m²

Vorhaltekosten der Geräte	BGL 1991	DM/Monat	DM/m²	Eigene Werte DM/Monat	DM/m²
Gußasphaltkocher	5301-0020				
Radschlepper (Unimog)	2952-100				

$$\frac{\text{Vorhaltekosten im Monat}}{170\ \text{h}} \times 8\ \text{h} = \underline{\qquad} = \underline{\qquad}$$

Tagesleistung

Gesamtsumme:

1.3 Bituminöse Fahrbahndecken

| **ZTV bit – StB 84, 5. Gußasphalt,** Tabelle 5.1.4 **Körnung 0/5,** Bild 5.3, 3,5 cm dick, mit ca. 85 kg/m² (von Hand einbauen). | | Gußasphalt 0/5 | |

Lohnkosten	h/m²	DM/m²	**Eigene Werte** h/m²	DM/m²
Einbaukolonne = 6 Mann				
Gußasphalteinbauzug = – Mann				
Fugen vergießen = – Mann				
Gußasphalt transportieren = 1 Mann				
(Kraftfahrer)				
7 Mann				
$\dfrac{7 \text{ Mann} \times 8 \text{ h}}{\text{Tagesleistung}}$ = h/m²				
Mittellohn (DM × h/m²):				
Summe:				

Materialkosten (Stoffkosten)	DM/t	DM/m²	**Eigene Werte** DM/t	DM/m²
Mischrezept:				
Körnungen Gew.-% DM DM/t				
Diabas-Splitt 8/11 ___ × ___ = ___				
Diabas-Splitt 5/8 ___ × ___ = ___				
Diabas-Splitt 2/5 × =				
Diabas-Brechsand – × =				
Natursand 0/2 × =				
Gesteinsmehl × =				
100,0 %				
Gewichts-% Bitumen im Mischgut				
B 45 = ______ % × ______ DM/t = ______				
Summe:				

	DM/t	DM/m²		
Materialkosten = ______ DM/t				
Streuverlust: ______ DM/t × 0,085 t/m² × 1,03 =				
Abstreumenge: Edelbrechsand/Natursand 2-3 kg/m²				

Vorhaltekosten der Geräte	BGL 1991	DM/Monat	DM/m²	**Eigene Werte** DM/Monat	DM/m²
Gußasphaltkocher	5301-0020				
Radschlepper (Unimog)	2952-100				
$\dfrac{\text{Vorhaltekosten im Monat}}{170 \text{ h}}$ × 8 h = ______ = Tagesleistung					
Gesamtsumme:					

ZTV bit – StB 84, 5. Gußasphalt, Tabelle 5.1.4 **Körnung 0/5,** Bild 5.3, 3,5 cm dick, mit ca. 75 kg/m² maschinell einbauen.		Gußasphalt 0/5		

Lohnkosten	h/m^2	DM/m^2	**Eigene Werte** h/m^2	DM/m^2
Einbaukolonne = 3 Mann Gußasphalteinbauzug = 5 Mann Fugen vergießen = 2 Mann Gußasphalt transportieren = 4 Mann (Kraftfahrer) 14 Mann				
$\dfrac{14\ \text{Mann} \times 8\ \text{h}}{\text{Tagesleistung}} = \quad h/m^2$ Mittellohn (DM × h/m^2):				
Summe:				

Materialkosten (Stoffkosten)	DM/t	DM/m^2	**Eigene Werte** DM/t	DM/m^2
Mischrezept: Körnungen Gew.-% DM DM/t Diabas-Splitt 8/11 ____ × ____ = ____ Diabas-Splitt 5/8 ____ × ____ = ____ Diabas-Splitt 2/5 19,0 × = Diabas-Brechsand 17,0 × = Natursand 0/2 11,0 × = Gesteinsmehl 22,0 × = 100,0 % Gewichts-% Bitumen im Mischgut B 45 = ____ % × ____ DM/t = ____				
Summe:				

	DM/t	DM/m^2		
Materialkosten = ____ DM/t Streuverlust: ____ DM/t × 0,075 t/m² × 1,03 =				
Abstreumenge: Edelbrechsand/Natursand 2–3 kg/m²				

Vorhaltekosten der Geräte	BGL 1991	DM/Monat	DM/m^2	**Eigene Werte** DM/Monat	DM/m^2
Gußasphalteinbauzug Gußasphaltkocher Gußasphaltaufsatzkocher Bitumenkocher Nahtanwärmgerät Fahrschienen	5323-0750 5301-0060 5310-0080 5661-0500 5220-0065				
$\dfrac{\text{Vorhaltekosten im Monat}}{170\ \text{h}} \times 8\ \text{h} = \ \text{____} \ = $ Tagesleistung					
Gesamtsumme:					

1.3 Bituminöse Fahrbahndecken

Asphaltmastix ZTV bit – StB 84, 6. Asphaltmastix für Deckschichten Tabelle 6.1, Bild 6.1.

t Asphaltmastix ist eine dichte bituminöse Masse aus Sand und Füller mit Straßenbaubitumen oder mit Straßenbaubitumen und Naturasphalt. Asphaltmastix ist im heißem Zustand gieß- und streichbar. Beim Einbau wird Splitt aufgestreut und eingedrückt. Asphaltmastix und Splitt zusammen ergeben die „Asphaltmastixdeckschicht".

Sie ist weniger geeignet für Straßen mit schnellem Verkehr. Asphaltmastix wird in der Regel mit Schiebern, Verteilerrahmen oder sonstigen Verteilergeräten aufgebracht.

Auf die heiße Oberfläche werden ca. 15 kg – 25 kg/m^2 leicht mit Bindemittel umhüllter Edelsplitt der Lieferkörnung 5/8, 8/11 oder 11/16 aufgebracht. Die Bindemittelmenge ist so zu wählen, daß das Abstreumaterial gut streufähig ist.

Der Splitt muß unmittelbar nach dem Aufbringen mit ausreichend schwerer Walze bis zur Unterlage in den Asphaltmastix eingedrückt werden.

Nach dem Erkalten der Asphaltmastixdeckschicht ist das überschüssige Abstreumaterial zu entfernen. Nicht fest haftender Splitt ist durch Abwalzen mit Glattmantelwalzen oder durch andere geeignete Maßnahmen zu lösen. Der abgelöste Splitt ist ebenfalls zu entfernen. Die Oberfläche muß dann gleichmäßig beschaffen sein und eine dem Verwendungszweck angemessene Rauheit aufweisen.

Folgender Aufbau des Mineralgemisches wird angestrebt:

Edelbrechsand (Gesteinsart: Diabas)	Gew.-%
Natursand 0/2	Gew.-%
Gesteinsmehl	Gew.-%
	100,0 Gew.-%

Gew.-% Bitumen B 65 im Mischgut: % (für 1 t)

Der Bindemittelgehalt und die endgültige Kornzusammensetzung sind in der Eignungsprüfung nachzuweisen.

Eignungs-Prüfung Eigenschaften des Mischgutes	I	II	III
Gewichtsteile Bitumen 65 auf 100 % Mineral Gewichts-% Bitumen 65 im Mischgut			
Marshallstabilität (SM) _______ KN			
Marshallfließwert (FM) _______ mm			
Rohdichte _______ g/cm^3			
Raumdichte _______ g/cm^3			
Hohlraumgehalt (berechnet) _______ Vol.-%			
Hohlraum-Mineralgemisch (HMb bit) _______ Vol.-%			
Bindemittelgehalt in Volumen-% _______ Vol.-%			
Ausfüllungsgrad (HFB) _______ %			
Marshallsteifheit (QM = SM/FM) _______ QM			

Eingebaut wird Mischung Nr.

ZTV bit – StB 84, 6. Asphaltmastix für Deckschichten, Tabelle 6.1, Bild 6.1, Einbaugewicht 25 kg/m², von Hand einbauen.		Asphaltmastix 0/2	

| **Lohnkosten** | h/m² | DM/m² | Eigene Werte | |
			h/m²	DM/m²
Einbaukolonne = 5 Mann				
Schwarzdeckenfertiger = – Mann				
Gummiradwalze = – Mann				
Vibrationswalze = 1 Mann				
Spritzmaschine = – Mann				
6 Mann				
$\dfrac{6\ \text{Mann} \times 8\ \text{h}}{\text{Tagesleistung}}$ = h/m²				
Mittellohn (DM × h/m²):				
Summe:				

| **Materialkosten** (Stoffkosten) | DM/t | DM/m² | Eigene Werte | |
			DM/t	DM/m²
Mischrezept:				
Körnungen Gew.-% DM DM/t				
Diabas-Splitt 16/22 ______ × ______ = ______				
Diabas-Splitt 11/16 ______ × ______ = ______				
Diabas-Splitt 8/11 ______ × ______ = ______				
Diabas-Splitt 5/8 ______ × ______ = ______				
Diabas-Splitt 2/5 × =				
Diabas-Brechsand – × =				
Natursand 0/2 × =				
Kalksteinmehl × =				
100,0 %				
Gewichts-% Bitumen im Mischgut				
B 65 = ______ % × ______ DM/t = ______				
Summe:				

	DM/t	DM/m²		
Materialkosten = ______ DM/t				
Streuverlust: ______ DM/t × 0,025 t/m² × 1,03 =				
Mit Edelsplitt 5/8, ca. 15 kg /m² abstreuen				

| **Vorhaltekosten der Geräte** | BGL 1991 | DM/Monat | DM/m² | Eigene Werte | |
				DM/Monat	DM/m²
Schwarzdeckenfertiger					
Gummiradwalze					
Vibrationswalze	3615-0640				
Spritzmaschine					
$\dfrac{\text{Vorhaltekosten im Monat}}{170\ \text{h}}$ × 8 h = ______ =	Tagesleistung				
Gesamtsumme:					

1.3 Bituminöse Fahrbahndecken

<table>
<tr><td>

t **Tragdeckschichten, Körnung 0/16 mm,** gemäß ZTV bit – StB 84, 7. Tragdeckschichten, Tabelle 7.1, mit einem Schwarzdeckenfertiger heiß und profilgerecht einbauen.

</td></tr>
</table>

Das Mischgut ist so abgestimmt, daß damit wiederstandsfähige und verkehrssichere Tragdeckschichten hergestellt werden können, die nur noch einen geringen Hohlraumgehalt aufweisen und deren Lagerungsdichte und Korngrößenverteilung unter Verkehr sich nur wenig verändert.
Ist nach dem Einbau mit stärkerer Verschmutzung der Oberfläche zu rechnen, sollte die noch heiße Oberfläche sofort mit 2–4 kg/m² rohem oder bindemittelumhülltem Sand abgestreut werden.
Es können sowohl ungebrochene als auch gebrochene Mineralstoffe allein oder gemischt Verwendung finden.

Folgender Aufbau des Mineralgemisches wird angestrebt:

Splitt 16/22 (Gesteinsart:)	Gew.-%
Splitt 11/16 (Gesteinsart:)	Gew.-%
Splitt 8/11 (Gesteinsart:)	Gew.-%
Splitt 5/8 (Gesteinsart:)	Gew.-%
Splitt 2/5 (Gesteinsart:)	Gew.-%
Brechsand	Gew.-%
Natursand 0/2	Gew.-%
Gesteinsmehl	Gew.-%
	100,0 Gew.-%

Gew.-% Bitumen B 80 im Mischgut: % (für 1 t)

Der Bindemittelgehalt und die endgültige Kornzusammensetzung sind in der Eignungsprüfung nachzuweisen.

Eignungs-Prüfung Eigenschaften des Mischgutes	I	II	III
Gewichtsteile Bitumen B 80 auf 100 % Mineral **Gewichts-% Bitumen B 80 im Mischgut**			
Marshallstabilität (SM) ________________ KN			
Marshallfließwert (FM) ________________ mm			
Rohdichte ________________ g/cm³			
Raumdichte ________________ g/cm³			
Hohlraumgehalt (berechnet) ________________ Vol.-%			
Hohlraum-Mineralgemisch (HM bit) ________________ Vol.-%			
Bindemittelgehalt in Volumen-% ________________ Vol.-%			
Ausfüllungsgrad (HFB) ________________ %			
Marshallsteifheit (QM = SM/FM) ________________ QM			

Eingebaut wird Mischung Nr.

| **ZTV bit – StB 84, 7. Tragdeckenschichten,** Tabelle 7.1, **Körnung 0/16,** Bild 7.1, 10 cm dick, mit ca. 250 kg/m² maschinell einbauen. | | | Tragdeckschichten 0/16 | |

Lohnkosten	h/m²	DM/m²	Eigene Werte	
			h/m²	DM/m²
Einbaukolonne = 5 Mann				
Schwarzdeckenfertiger = 1 Mann				
Gummiradwalze = 1 Mann				
Vibrationswalze = 1 Mann				
Spritzmaschine = 2 Mann				
10 Mann				
$\dfrac{10 \text{ Mann} \times 8\text{ h}}{\text{Tagesleistung}}$ = h/m²				
Mittellohn (DM × h/m²):				
Summe:				

Materialkosten (Stoffkosten)	DM/t	DM/m²	Eigene Werte	
			DM/t	DM/m²
Mischrezept:				
Körnungen Gew.-% DM DM/t				
Diabas-Splitt 16/22 ___ × ___ = ___				
Diabas-Splitt 11/16 × =				
Diabas-Splitt 8/11 × =				
Diabas-Splitt 5/8 × =				
Diabas-Splitt 2/5 × =				
Diabas-Brechsand – × =				
Natursand 0/2 × =				
Gesteinsmehl × =				
100,0 %				
Gewichts-% Bitumen im Mischgut				
B 80 = _______ % × _______ DM/t = _______				
Summe:				

	DM/t	DM/m²		
Materialkosten = ______ DM/t				
Streuverlust: ______ DM/t × 0,250 t/m² × 1,03 =				
Mit bindemittelumhülltem Sand abstreuen, 2 kg/m² =				

Vorhaltekosten der Geräte	BGL 1991	DM/Monat	DM/m²	Eigene Werte	
				DM/Monat	DM/m²
Schwarzdeckenfertiger	5202-0070				
Gummiradwalze	3610-1600				
Vibrationswalze	3615-0640				
Spritzmaschine	5240-1000				
$\dfrac{\text{Vorhaltekosten im Monat}}{170 \text{ h}}$ × 8 h = _______ $=$					
Tagesleistung					
Gesamtsumme:					

1.3 Bituminöse Fahrbahndecken

<table>
<tr><td>t</td><td>Asphalt- und Teerasphaltbeton (Warmeinbau) Körnung 0/11 mm, gemäß ZTV bit – StB 84, 8. Asphalt- und Teerasphaltbeton, Tabelle 8.1.1, mit einem Schwarzdeckenfertiger einbauen.</td></tr>
</table>

Die so hergestellten Deckschichten haben nach dem Einbau ihre endgültige Verdichtung noch nicht erreicht, sie werden unter dem Verkehr nachverdichtet und ergeben erst dann hohlraumarme Deckschichten. Die Oberfläche kann mit etwa 2 kg/m^2 bindemittelumhüllten Brechsand aufgestreut und eingewalzt werden.

Folgender Aufbau des Mineralgemisches wird angestrebt:

Edelsplitt 16/22 (Gesteinsart: Diabas)	Gew.-%
Edelsplitt 11/16 (Gesteinsart: Diabas)	Gew.-%
Edelsplitt 8/11 (Gesteinsart: Diabas)	Gew.-%
Edelsplitt 5/8 (Gesteinsart: Diabas)	Gew.-%
Edelbrechsand	Gew.-%
Natursand 0/2	Gew.-%
Gesteinsmehl	Gew.-%
	100,0 Gew.-%

Gew.-% Bindemittel FB 500 im Mischgut: % (für 1 t)

Der Bindemittelgehalt und die endgültige Kornzusammensetzung sind in der Eignungsprüfung nachzuweisen.

Eignungs-Prüfung Eigenschaften des Mischgutes	I	II	III
Gewichtsteile Pechbitumen FB 500 auf 100 % Mineral Gewichts-% Pechbitumen FB 500 im Mischgut			
Marshallstabilität (SM) _______ KN			
Marshallfließwert (FM) _______ mm			
Rohdichte _______ g/cm^3			
Raumdichte _______ g/cm^3			
Hohlraumgehalt (berechnet) _______ Vol.-%			
Hohlraum-Mineralgemisch (HM bit) _______ Vol.-%			
Bindemittelgehalt in Volumen-% _______ Vol.-%			
Ausfüllungsgrad (HFB) _______ %			
Marshallsteifheit (QM = SM/FM) _______ QM			

Eingebaut wird Mischung Nr.

| ZTV bit – StB 84, 8. Asphalt- und Teerasphaltbeton (Warmeinbau), Tabelle 8.1.1, Körnung 0/11, mit ca. 45 kg/m² maschinell einbauen. | | | Asphalt- und Teerasphalt 0/11 | |

Lohnkosten

	h/m²	DM/m²	Eigene Werte h/m²	DM/m²

Einbaukolonne	=	5 Mann
Schwarzdeckenfertiger	=	1 Mann
Gummiradwalze	=	1 Mann
Vibrationswalze	=	1 Mann
Spritzmaschine	=	2 Mann
		10 Mann

$$\frac{10\ \text{Mann} \times 8\ \text{h}}{\text{Tagesleistung}} = \underline{\qquad}\ \text{h/m}^2$$

Mittellohn (DM × h/m²):

Summe:

Materialkosten (Stoffkosten)

	DM/t	DM/m²	Eigene Werte DM/t	DM/m²

Mischrezept:

Körnungen		Gew.-%		DM		DM/t
Diabas-Splitt	16/22	_____	×	_____	=	_____
Diabas-Splitt	11/16	_____	×	_____	=	_____
Diabas-Splitt	8/11		×		=	
Diabas-Splitt	5/8		×		=	
Diabas-Splitt	2/5		×		=	
Diabas-Brechsand	–		×		=	
Natursand	0/2		×		=	
Gesteinsmehl			×		=	
		100,0 %				

Gewichts-% Bitumen im Mischgut
FB 500 = _________ % × _________ DM/t = _________

Summe:

	DM/t	DM/m²		

Materialkosten = _____ DM/t

Streuverlust: _____ DM/t × 0,045 t/m² × 1,03 =

Vorhaltekosten der Geräte

	BGL 1991	DM/Monat	DM/m²	Eigene Werte DM/Monat	DM/m²
Schwarzdeckenfertiger	5202-0070				
Gummiradwalze	3610-1600				
Vibrationswalze	3615-0640				
Spritzmaschine	5240-1000				

$$\frac{\text{Vorhaltekosten im Monat}}{170\ \text{h}} \times 8\ \text{h} = \frac{\underline{\qquad}}{\text{Tagesleistung}} =$$

Gesamtsumme:

1.3 Bituminöse Fahrbahndecken

<table>
<tr><td colspan="2">ZTV bit – StB 84, 8. Asphalt- und Teerasphaltbeton (Warmeinbau), Tabelle 8.1.2, Körnung 0/8, mit ca. 45 kg/m² maschinell einbauen.</td><td colspan="4" align="center">Asphalt- und Teerasphalt
0/8</td></tr>
<tr><td rowspan="2">Lohnkosten</td><td rowspan="2"></td><td rowspan="2">h/m²</td><td rowspan="2">DM/m²</td><td colspan="2" align="center">Eigene Werte</td></tr>
<tr><td>h/m²</td><td>DM/m²</td></tr>
<tr><td colspan="2">

Einbaukolonne   =   5 Mann
Schwarzdeckenfertiger =   1 Mann
Gummiradwalze   =   1 Mann
Vibrationswalze   =   1 Mann
Spritzmaschine   =   2 Mann
                              10 Mann

$$\frac{10\ \text{Mann} \times 8\ \text{h}}{\text{Tagesleistung}} = \quad \text{h/m}^2$$

Mittellohn (DM × h/m²):
</td><td></td><td></td><td></td><td></td></tr>
<tr><td colspan="2">Summe:</td><td></td><td></td><td></td><td></td></tr>
<tr><td rowspan="2">Materialkosten (Stoffkosten)</td><td rowspan="2"></td><td rowspan="2">DM/t</td><td rowspan="2">DM/m²</td><td colspan="2" align="center">Eigene Werte</td></tr>
<tr><td>DM/t</td><td>DM/m²</td></tr>
<tr><td colspan="2">

Mischrezept:
Körnungen   Gew.-%   DM   DM/t
Diabas-Splitt   16/22 ____ × ____ = ____
Diabas-Splitt   11/16 ____ × ____ = ____
Diabas-Splitt   8/11 ____ × ____ = ____
Diabas-Splitt   5/8   ×   =
Diabas-Splitt   2/5   ×   =
Diabas-Brechsand   –   ×   =
Natursand   0/2   ×   =
Gesteinsmehl   ×   =
                      100,0 %
Gewichts-% Bitumen im Mischgut
FB 500 = ____ % × ____ DM/t = ____
</td><td></td><td></td><td></td><td></td></tr>
<tr><td colspan="2">Summe:</td><td></td><td></td><td></td><td></td></tr>
<tr><td colspan="2"></td><td>DM/t</td><td>DM/m²</td><td></td><td></td></tr>
<tr><td colspan="2">

Materialkosten = ____ DM/t
Streuverlust: ____ DM/t × 0,045 t/m² × 1,03 =
</td><td></td><td></td><td></td><td></td></tr>
<tr><td rowspan="2">Vorhaltekosten der Geräte</td><td rowspan="2">BGL 1991</td><td rowspan="2">DM/Monat</td><td rowspan="2">DM/m²</td><td colspan="2" align="center">Eigene Werte</td></tr>
<tr><td>DM/Monat</td><td>DM/m²</td></tr>
<tr><td>

Schwarzdeckenfertiger
Gummiradwalze
Vibrationswalze
Spritzmaschine
</td><td>

5202-0070
3610-1600
3615-0640
5240-1000
</td><td></td><td></td><td></td><td></td></tr>
<tr><td colspan="2">

$$\frac{\text{Vorhaltekosten im Monat}}{170\ \text{h}} \times 8\ \text{h} = \frac{\quad\quad}{\text{Tagesleistung}} =$$
</td><td></td><td></td><td></td><td></td></tr>
<tr><td colspan="2">Gesamtsumme:</td><td></td><td></td><td></td><td></td></tr>
</table>

ZTV bit – StB 84, 8. Asphalt- und Teerasphaltbeton (Warmein-bau), Tabelle 8.1.3, **Körnung 0/5,** mit ca. 35 kg/m^2 maschinell einbauen.			Asphalt- und Teerasphalt 0/5	

Lohnkosten	h/m^2	DM/m^2	**Eigene Werte** h/m^2	DM/m^2
Einbaukolonne = 5 Mann Schwarzdeckenfertiger = 1 Mann Gummiradwalze = 1 Mann Vibrationswalze = 1 Mann Spritzmaschine = 2 Mann ————— 10 Mann $\dfrac{\text{10 Mann} \times \text{8 h}}{\text{Tagesleistung}}$ = h/m^2 Mittellohn (DM × h/m^2):	———		———	
Summe:				

Materialkosten (Stoffkosten)	DM/t	DM/m^2	**Eigene Werte** DM/t	DM/m^2
Mischrezept: Körnungen Gew.-% DM DM/t Diabas-Splitt 16/22 ——— × ——— = ——— Diabas-Splitt 11/16 ——— × ——— = ——— Diabas-Splitt 8/11 ——— × ——— = ——— Diabas-Splitt 5/8 ——— × ——— = ——— Diabas-Splitt 2/5 × = Diabas-Brechsand – × = Natursand 0/2 × = Gesteinsmehl × = ————— 100,0 % Gewichts-% Bitumen im Mischgut FB 500 = ——— % × ——— DM/t = ———				
Summe:				
	DM/t	DM/m^2		
Materialkosten = ——— DM/t Streuverlust: ——— DM/t × 0,035 t/m^2 × 1,03 =	———	———		

Vorhaltekosten der Geräte	BGL 1991	DM/Monat	DM/m^2	**Eigene Werte** DM/Monat	DM/m^2
Schwarzdeckenfertiger Gummiradwalze Vibrationswalze Spritzmaschine	5202-0070 3610-1600 3615-0640 5240-1000				
$\dfrac{\text{Vorhaltekosten im Monat}}{\text{170 h}}$ × 8 h = ——— = Tagesleistung			———		
Gesamtsumme:					

1.3 Bituminöse Fahrbahndecken

<table>
<tr><td>t</td><td>Asphalttragschicht, Körnung 0/32 mm Type B, für Bauklasse V–VI gemäß ZTVT – StB 86 Tabelle 4.2, Bild 4.2, mit einem Schwarzdeckenfertiger heiß, profilgerecht einbauen. Mit einer Vibrationswalze oder Gummiradwalze so verdichten, daß damit eine standfeste Asphalttragschicht entsteht. Nicht mit dem Fertiger zu erreichende Flächen sind von Hand einzubauen. Werden mehrere Lagen erforderlich, ist ein ausreichender Verbund durch Ansprühen mit Bindemittel zu gewährleisten.</td></tr>
</table>

Folgender Aufbau des Mineralgemisches wird angestrebt:

Edelsplitt 2/32 (Gesteinsart: Diabas)	45,0 Gew.-%
Edelsplitt 5/8 (Gesteinsart: Diabas)	3,0 Gew.-%
Edelsplitt 2/5 (Gesteinsart: Diabas)	5,0 Gew.-%
Natursand 0/2	42,5 Gew.-%
Gesteinsmehl	4,5 Gew.-%
	100,0 Gew.-%

Gew.-% Bitumen B 65 im Mischgut: 3,8 % (für 1 t)

Der Bindemittelgehalt und die endgültige Kornzusammensetzung sind in der Eignungsprüfung nachzuweisen.

Eignungs-Prüfung Eigenschaften des Mischgutes	I	II	III
Gewichtsteile Bitumen 65 auf 100 % Mineral			
Gewichts-% Bitumen 65 im Mischgut			
Marshallstabilität (SM) ________ KN			
Marshallfließwert (FM) ________ mm			
Rohdichte ________ g/cm^3			
Raumdichte ________ g/cm^3			
Hohlraumgehalt (berechnet) ________ Vol.-%			
Hohlraum-Mineralgemisch (HM bit) ________ Vol.-%			
Bindemittelgehalt in Volumen-% ________ Vol.-%			
Ausfüllungsgrad (HFB) ________ %			
Marshallsteifheit (QM = SM/FM) ________ QM			
Eingebaut wird Mischung Nr.			

ZTVT – StB 86, 4. Asphalttragschichten, Tabelle 4.2, **Körnung** 0/32 mm, (1) B, Bild 4.2.			Asphalttragschicht Mischgutart B	
			Eigene Werte	
Lohnkosten	h/m^2	DM/m^2	h/m^2	DM/m^2

```
Einbaukolonne          =   5 Mann
Schwarzdeckenfertiger  =   – Mann
Gummiradwalze          =   1 Mann
Vibrationswalze        =   1 Mann
Spritzmaschine         =   2 Mann
                          ─────────
                           9 Mann
```

$$\frac{9 \text{ Mann} \times 8\,h}{\text{Tagesleistung}} = \underline{\qquad} \; h/m^2$$

Mittellohn (DM × h/m^2): ______

Summe:

Materialkosten (Stoffkosten)	DM/t	DM/m^2	DM/t	DM/m^2
			Eigene Werte	

```
Mischrezept:
Körnungen                    Gew.-%     DM       DM/t
Diabas-Splitt        2/32    45,0   ×      =
Diabas-E. Splitt     5/8      3,0   ×      =
Diabas-E. Splitt     2/5      5,0   ×      =
Diabas-Brechsand      –        –    ×           =
Natursand            0/2     42,5   ×           =
Gesteinsmehl                  4,5   ×           =
                           ─────────
                           100,0 %
```

Gewichts-% Bitumen im Mischgut
FB 65 = 3,8 % × _____________ DM/t = ____________

Summe:

	DM/t	DM/m^2		

Materialkosten = _____ DM/t

Streuverlust: _____ DM/t × _____ t/m^2 × 1,03 = ______

Vorhaltekosten der Geräte	BGL 1991	DM/Monat	DM/m^2	DM/Monat	DM/m^2
				Eigene Werte	
Schwarzdeckenfertiger	5202-0070				
Gummiradwalze	3610-1600				
Vibrationswalze	3615-0640				
Spritzmaschine	5240-1000				

$$\frac{\text{Vorhaltekosten im Monat}}{170\ h} \times 8\,h = \underline{\qquad} = \underline{\qquad}$$
Tagesleistung

Gesamtsumme:

1.3 Bituminöse Fahrbahndecken

Eignungsprüfung für Asphalttragschicht 0/32 mm Type B
für Bauklasse: V–VI

Mineral- handels- Körnung	Mineralstoffe					
	Diabas- Splitt 2/32	Diabas- E. Splitt 5/8	Diabas- E. Splitt 2/5	Natursand 0/2	Kalkstein- mehl	Mineralstoff- gemisch %
über 31,5	————	————	————	————	————	————	
22,4 –31,5	18,7	————	————	————	————	8,4
16,0 –22,4	19,4	————	————	————	————	8,7
11,2 –16,0	20,3	————	————	————	————	9,1
88,0 –11,2	12,4	5,2	————	————	————	5,8
5,0 – 8,0	12,9	86,6	7,4	————	————	8,8
2,0 – 5,0	10,9	8,2	82,6	2,7	————	10,2
0,71– 2,0	1,8	————	10,0	6,7	————	4,1
0,25– 0,71	0,6	————	————	41,5	————	17,9
0,09– 0,25	0,4	————	————	47,1	10,2	20,7
unter 0,09	2,6	————	————	2,5	89,8	6,3

Mineralstoffgemisch: } 51,0 (von über 31,5 bis 2,0 – 5,0); } 42,7 (von 0,71– 2,0 bis 0,09– 0,25)

Mischrezept		Gew.-%	Herkunft der Mineralstoffe
Diabas-Splitt	2/32	45,0	Hunneberg/Harz
Diabas-E. Splitt	5/8	3,0	Hunneberg/Harz
Diabas-E. Splitt	2/5	5,0	Hunneberg/Harz
Natursand	0/2	42,5	Caputh/Peetz
Gesteinsmehl		4,5	Kalksteinwerke Rüdersdorf

Eignungs-Prüfung
Mischung / Eigenschaften des Mischgutes

Mischung / Eigenschaften des Mischgutes	I	II	III
Gewichtsteile Bitumen 65 auf 100 % Mineral	3,63	3,95	4,28
Gewichts-% Bitumen 65 im Mischgut	3,5	3,8	4,1
Marshallstabilität (SM) ———— KN	7,3	7,6	7,7
Marshallfließwert (FM) ———— mm	2,4	2,9	3,5
Rohdichte ———— g/cm^3	2,594	2,582	2,570
Raumdichte ———— g/cm^3	2,379	2,394	2,570
Hohlraumgehalt (berechnet) ———— Vol.-%	8,3	7,3	6,5
Hohlraum-Mineralgemisch (HM bit) ———— Vol.-%	16,4	16,1	16,1
Bindemittelgehalt in Volumen-% ———— Vol.-%	8,1	8,8	9,6
Ausfüllungsgrad (HFB) ———— %	49,4	54,7	59,6
Marshallsteifheit (QM = SM/FM) ———— QM	3,0	2,6	2,2

Eingebaut wird Mischung Nr. II.

Fahrbahndecke aus Beton, 16 cm dick, WN 35 N/mm^2, mit Fließmittel auf wasserfester Unterlagsfolie einschichtig herstellen. Der Beton ist vor schädlichen Witterungseinflüssen zu schützen.

Einschichtig
16 cm dick

Lohnkosten	h/m^2	DM/m^2	Eigene Werte h/m^2	DM/m^2

Einbaukolonne:

Bauvorarbeiter	=	1 Mann
Baumschinen-Vorarbeiter	=	2 Mann
Straßenbauer im Beton	=	3 Mann
Betonstraßenwerker	=	4 Mann
		10 Mann

$$\frac{10\ \text{Mann} \times 8\ \text{h}}{\text{Tagesleistung}} = \underline{\hphantom{xxxx}}\ \text{h/m}^2$$

Mittellohn (DM × h/m^2):

Summe:

Materialkosten (Stoffkosten)	DM/m^3	DM/m^2	Eigene Werte DM/m^3	DM/m^2

Zusammensetzung des Betons für 1,00 m^3

Frischbetonrohdichte		2425 kg		
Zement Z 45 F		380 kg ×	DM/t =	
Wasser Wz = 0,39		145 l ×	DM/m^3 =	
Zuschläge:		1900 kg		
30 % Sand	0/2	570 kg ×	DM/t =	
15 % Splitt	5/8	285 kg ×	DM/t =	
55 % Splitt	11/16	1045 kg ×	DM/t =	
— % Splitt	—/—	—/— kg ×	DM/t =	

Summe:

Zusatzmittel:

Luftporenbildner	0,07 % ×	DM =
Fließmittel	3,0 % ×	DM =
(vom Zementgewicht)		

Streuverlust: _________ DM/m^3 × 0,16 × 1,03 =

Vorhaltekosten der Geräte	BGL 1991	DM/Monat	DM/m^2	Eigene Werte DM/Monat	DM/m^2
Stahlsilo für Zement	1301-0040				
Normalschneckenförderer	1270-1712				
Radialschrapperwerke	2255-1309				
Transportbetonmischer	1131-0100				
Rüttelbohlen	5480-0500				
Betonmischanlage	1143-1125				

$$\frac{\text{Vorhaltekosten im Monat}}{170\ \text{h}} \times 8\ \text{h} = \underline{\hphantom{xxxx}} \quad \frac{}{\text{Tagesleistung}} =$$

Gesamtsumme:

1.4 Fahrbahndecken aus Beton

<table>
<tr><td colspan="2">Fahrbahndecke aus Beton, 18 cm dick, WN 35 N/mm², mit Fließmittel auf wasserfester Unterlagsfolie einschichtig herstellen. Der Beton ist vor schädlichen Witterungseinflüssen zu schützen.</td><td colspan="4">Einschichtig
18 cm dick</td></tr>
</table>

Lohnkosten		h/m²	DM/m²	**Eigene Werte** h/m²	DM/m²
Einbaukolonne:					
Bauvorarbeiter	= 1 Mann				
Baumschinen-Vorarbeiter	= 2 Mann				
Straßenbauer im Beton	= 3 Mann				
Betonstraßenwerker	= 4 Mann				
	10 Mann				
$\dfrac{10\ \text{Mann} \times 8\ \text{h}}{\text{Tagesleistung}} = ——— \ \text{h/m}^2$		———			
Mittellohn (DM × h/m²):			———		
Summe:					

Materialkosten (Stoffkosten)		DM/m³	DM/m²	**Eigene Werte** DM/m³	DM/m²
Zusammensetzung des Betons für 1,00 m³					
Frischbetonrohdichte	2480 kg				
Zement Z 45 F	380 kg × DM/t =				
Wasser Wz = 0,39	145 l × DM/m³ =				
Zuschläge:	1954 kg				
30 % Sand 0/2	586 kg × DM/t =				
15 % Splitt 5/8	293 kg × DM/t =				
55 % Splitt 11/16	1075 kg × DM/t =				
— % Splitt —/— —/—	kg × DM/t =	———			
Summe:		———			
Zusatzmittel:					
Luftporenbildner 0,07 % ×	DM =				
Fließmittel 3,0 % ×	DM =	———			
(vom Zementgewicht)					
Streuverlust: ——— DM/m³ × 0,18 × 1,03 =					

Vorhaltekosten der Geräte	BGL 1991	DM/Monat	DM/m²	**Eigene Werte** DM/Monat	DM/m²
Stahlsilo für Zement	1301-0040				
Normalschneckenförderer	1270-1712				
Radialschrapperwerke	2255-1309				
Transportbetonmischer	1131-0100				
Betonmischanlage	1143-1125				
$\dfrac{\text{Vorhaltekosten im Monat}}{170\ \text{h}} \times 8\ \text{h} = \dfrac{}{\text{Tagesleistung}} =$				———	
Gesamtsumme:					

<table>
<tr>
<td colspan="5">Fahrbahndecke aus Beton, 22 cm dick, WN 35 N/mm^2, mit Fließmittel auf wasserfester Unterlagsfolie einschichtig herstellen. Der Beton ist vor schädlichen Witterungseinflüssen zu schützen.</td>
<td colspan="2">Einschichtig
22 cm dick</td>
</tr>
<tr>
<td rowspan="2">Lohnkosten</td>
<td rowspan="2">h/m^2</td>
<td rowspan="2">DM/m^2</td>
<td colspan="2">Eigene Werte</td>
</tr>
<tr>
<td>h/m^2</td>
<td>DM/m^2</td>
</tr>
<tr>
<td>Einbaukolonne:
Bauvorarbeiter = 1 Mann
Baumschinen-Vorarbeiter = 2 Mann
Straßenbauer im Beton = 3 Mann
Betonstraßenwerker = 4 Mann
———————
10 Mann

$\dfrac{10\ \text{Mann} \times 8\ \text{h}}{\text{Tagesleistung}} = \underline{\hspace{2cm}}$ h/m^2

Mittellohn (DM × h/m^2):</td>
<td>______

______</td>
<td></td>
<td></td>
<td></td>
</tr>
<tr>
<td>Summe:</td>
<td></td>
<td></td>
<td></td>
<td></td>
</tr>
<tr>
<td rowspan="2">Materialkosten (Stoffkosten)</td>
<td rowspan="2">· DM/m^3</td>
<td rowspan="2">DM/m^2</td>
<td colspan="2">Eigene Werte</td>
</tr>
<tr>
<td>DM/m^3</td>
<td>DM/m^2</td>
</tr>
<tr>
<td>Zusammensetzung des Betons für 1,00 m^3
Frischbetonrohdichte   2500 kg
Zement Z 45 F   380 kg ×   DM/t =
Wasser Wz = 0,39   145 l ×   DM/m^3 =
Zuschläge: 1975 kg
25 % Sand   0/2   494 kg ×   DM/t =
20 % Splitt   /8   395 kg ×   DM/t =
25 % Splitt   11/16   494 kg ×   DM/t =
30 % Splitt   16/22   592 kg ×   DM/t =</td>
<td></td>
<td></td>
<td></td>
<td></td>
</tr>
<tr>
<td>Summe:</td>
<td>______</td>
<td></td>
<td></td>
<td></td>
</tr>
<tr>
<td>Zusatzmittel:
Luftporenbildner   0,07 % ×   DM =
Fließmittel   3,0 % ×   DM =
(vom Zementgewicht)</td>
<td>______</td>
<td></td>
<td></td>
<td></td>
</tr>
<tr>
<td>Streuverlust: ___________ DM/m^3 × 0,22 × 1,03 =</td>
<td></td>
<td></td>
<td></td>
<td></td>
</tr>
<tr>
<td rowspan="2">Vorhaltekosten der Geräte</td>
<td>BGL 1991</td>
<td>DM/Monat</td>
<td>DM/m^2</td>
<td colspan="2">Eigene Werte</td>
</tr>
<tr>
<td></td>
<td></td>
<td></td>
<td>DM/Monat</td>
<td>DM/m^2</td>
</tr>
<tr>
<td>Stahlsilo für Zement
Normalschneckenförderer
Radialschrapperwerke
Transportbetonmischer
Schalungsschienen
Betonmischanlage</td>
<td>1301-0040
1270-1712
2255-1309
1131-0100
5586-0000
1143-1125</td>
<td></td>
<td></td>
<td></td>
<td></td>
</tr>
<tr>
<td>$\dfrac{\text{Vorhaltekosten im Monat}}{170\ \text{h}} \times 8\ \text{h} = \dfrac{\quad}{\text{Tagesleistung}} =$</td>
<td></td>
<td>______</td>
<td></td>
<td></td>
<td></td>
</tr>
<tr>
<td>Gesamtsumme:</td>
<td></td>
<td></td>
<td></td>
<td></td>
<td></td>
</tr>
</table>

2 Tiefbau 2.1 Ramm- und Verbautechnik

<table>
<tr><td colspan="2">Kanaldielen, KD-Profile, KD III (53 kg/m² Wand).
Die Zeitaufwandwerte enthalten:
Abladen, Aufnehmen, Ausrichten, Rammen und Ziehen.</td><td colspan="4" align="center">Rammtiefe: 1,00–5,00 m
Boden: DIN 18 300 Klasse 3
KD III</td></tr>
</table>

Lohnkosten	h/m²	DM/m²	Eigene Werte h/m²	Eigene Werte DM/m²
Baugrubenverbaukolonne: 1 : 5				
Kanaldielen: abladen 0,053 t × 1,80 h	0,10			
aufnehmen = 0,20 h				
ausrichten = 0,10 h				
rammen = 0,45 h	0,75			
ziehen = 0,30 h	0,30			
Grundsätzlich gilt:				
$\dfrac{\text{Zeitaufwand}\ \ \text{h}}{\text{Tagesleistung}\ \ \text{m}^2} = \text{h/m}^2$				
Mittellohn (DM × h/m²):				
Summe:	1,15			

Materialkosten (Stoffkosten)	DM/t	DM/m²	Eigene Werte DM/t	Eigene Werte DM/m²
Kanaldielen, KD-Profile KD III				
Kanaldielen 0,053 t =				
Wertminderung 20 % =				
Verluste 10 % =				
Summe:				

Vorhaltekosten der Geräte	BGL 1991	DM/Monat	DM/m²	Eigene Werte DM/Monat	Eigene Werte DM/m²
Hydraulikbagger 80 kW	3150-0080				
Hochfrequenz-Vibratoren	3448-0430				
Kraftstation (dieselhydraulisch/dieselelektrisch)					

$$\frac{\text{Vorhaltekosten im Monat}}{170\ \text{h}} \times 8\ \text{h} = \frac{}{\text{Tagesleistung}} =$$

Gesamtsumme:				

<table>
<tr><td colspan="4">Kanaldielen, KD-Profile, KD III (53 kg/m² Wand).
Die Zeitaufwandwerte enthalten:
Abladen, Aufnehmen, Ausrichten, Rammen und Ziehen.</td><td colspan="2">Rammtiefe: 1,00–5,00 m
Boden: DIN 18 300 Klasse 4
KD III</td></tr>
<tr><td rowspan="2">Lohnkosten</td><td rowspan="2">h/m²</td><td rowspan="2">DM/m²</td><td colspan="2">Eigene Werte</td></tr>
<tr><td>h/m²</td><td>DM/m²</td></tr>
</table>

Das Lohnkosten-Raster:

	h/m²	DM/m²	h/m²	DM/m²
Baugrubenverbaukolonne: 1 : 5				
Kanaldielen: abladen 0,053 t × 1,80 h	0,10			
aufnehmen = 0,20 h				
ausrichten = 0,10 h				
rammen = 0,50 h	0,80			
ziehen = 0,40 h	0,40			

Grundsätzlich gilt:

$$\frac{\text{Zeitaufwand} \quad h}{\text{Tagesleistung} \ m^2} = h/m^2$$

Mittellohn (DM × h/m²):

	h/m²	DM/m²	h/m²	DM/m²
Summe:	1,30			

Materialkosten (Stoffkosten)	DM/t	DM/m²	DM/t	DM/m²
		Eigene Werte		
Kanaldielen, KD-Profile KD III				
Kanaldielen 0,053 t =				
Wertminderung 20 % =				
Verluste 10 % =				
Summe:				

Vorhaltekosten der Geräte	BGL 1991	DM/Monat	DM/m²	DM/Monat	DM/m²
			Eigene Werte		
Hydraulikbagger 80 kW	3150-0080				
Hochfrequenz-Vibratoren	3448-0430				
Kraftstation (dieselhydraulisch/dieselelektrisch)					

$$\frac{\text{Vorhaltekosten im Monat}}{170 \ h} \times 8 \ h = \underline{\qquad} = $$

Gesamtsumme:					

2.1 Ramm- und Verbautechnik

Kanaldielen, KD-Profile, KD III S (62 kg/m² Wand). Die Zeitaufwandwerte enthalten: Abladen, Aufnehmen, Ausrichten, Rammen und Ziehen.			Rammtiefe: 1,00–5,00 m Boden: DIN 18 300 Klasse 3 KD III S	
Lohnkosten	h/m²	DM/m²	**Eigene Werte** h/m²	DM/m²
Baugrubenverbaukolonne: 1 : 5				
Kanaldielen: abladen 0,062 t × 1,80 h	0,11			
aufnehmen = 0,20 h ausrichten = 0,10 h rammen = 0,45 h	0,75			
ziehen = 0,40 h	0,40			
Grundsätzlich gilt: $\dfrac{\text{Zeitaufwand} \quad \text{h}}{\text{Tagesleistung} \quad \text{m}^2} = \text{h/m}^2$ Mittellohn (DM × h/m²):				
Summe:	1,26			
Materialkosten (Stoffkosten)	DM/t	DM/m²	**Eigene Werte** DM/t	DM/m²
Kanaldielen, KD-Profile KD III S Kanaldielen 0,062 t = Wertminderung 20 % = Verluste 10 % =				
Summe:				
Vorhaltekosten der Geräte	BGL 1991	DM/Monat	DM/m²	**Eigene Werte** DM/Monat	DM/m²
Hydraulikbagger 80 kW Hochfrequenz-Vibratoren	3150-0080 3448-0430				
Kraftstation (dieselhydraulisch/dieselelektrisch)					
$\dfrac{\text{Vorhaltekosten im Monat}}{170 \text{ h}} \times 8\text{ h} = $ ________ Tagesleistung $=$					
Gesamtsumme:					

Kanaldielen, KD-Profile, KD III S (62 kg/m² Wand). Die Zeitaufwandwerte enthalten: Abladen, Aufnehmen, Ausrichten, Rammen und Ziehen.	Rammtiefe: 1,00–5,00 m Boden: DIN 18 300 Klasse 4 KD III S

Lohnkosten	h/m²	DM/m²	**Eigene Werte** h/m²	DM/m²
Baugrubenverbaukolonne: 1 : 5				
Kanaldielen: abladen 0,062 t × 1,80 h	0,11			
aufnehmen = 0,20 h				
ausrichten = 0,10 h				
rammen = 0,50 h	0,80			
ziehen = 0,45 h	0,45			
Grundsätzlich gilt:				
$\dfrac{\text{Zeitaufwand}\ \ h}{\text{Tagesleistung}\ \ m^2} = h/m^2$				
Mittellohn (DM × h/m²):				
Summe:	1,36			

Materialkosten (Stoffkosten)	DM/t	DM/m²	**Eigene Werte** DM/t	DM/m²
Kanaldielen, KD-Profile KD III S				
Kanaldielen 0,062 t =				
Wertminderung 20 % =				
Verluste 10 % =				
Summe:				

Vorhaltekosten der Geräte	BGL 1991	DM/Monat	DM/m²	**Eigene Werte** DM/Monat	DM/m²
Hydraulikbagger 80 kW	3150-0080				
Hochfrequenz-Vibratoren	3448-0430				
Kraftstation (dieselhydraulisch/dieselelektrisch)					
$\dfrac{\text{Vorhaltekosten im Monat}}{170\ h} \times 8\ h = \underline{\quad\quad} = $ Tagesleistung					
Gesamtsumme:					

2.1 Ramm- und Verbautechnik

<table>
<tr><td colspan="2">Kanaldielen, KD-Profile, KD VI L (62 kg/m² Wand).
Die Zeitaufwandwerte enthalten:
Abladen, Aufnehmen, Ausrichten, Rammen und Ziehen.</td><td colspan="4">Rammtiefe: 1,00–5,00 m
Boden: DIN 18 300 Klasse 3
KD VI L</td></tr>
<tr><td rowspan="2">Lohnkosten</td><td rowspan="2">h/m²</td><td rowspan="2">DM/m²</td><td colspan="2" align="center">Eigene Werte</td></tr>
<tr><td>h/m²</td><td>DM/m²</td></tr>
<tr><td colspan="2">Baugrubenverbaukolonne: 1 : 5

Kanaldielen: abladen 0,062 t × 1,80 h

        aufnehmen = 0,20 h
        ausrichten = 0,10 h
        rammen   = 0,45 h

        ziehen   = 0,40 h

Grundsätzlich gilt:

$\dfrac{\text{Zeitaufwand}\ \ \text{h}}{\text{Tagesleistung}\ \ \text{m}^2} = \text{h/m}^2$

Mittellohn (DM × h/m²):</td><td>0,11

0,75

0,40</td><td></td><td></td><td></td></tr>
<tr><td colspan="2">Summe:</td><td>1,26</td><td></td><td></td><td></td></tr>
<tr><td rowspan="2">Materialkosten (Stoffkosten)</td><td rowspan="2">DM/t</td><td rowspan="2">DM/m²</td><td colspan="2" align="center">Eigene Werte</td></tr>
<tr><td>DM/t</td><td>DM/m²</td></tr>
<tr><td colspan="2">Kanaldielen, KD-Profile KD VI L
Kanaldielen   0,062 t =
Wertminderung   20 % =
Verluste   10 % =</td><td></td><td></td><td></td><td></td></tr>
<tr><td colspan="2">Summe:</td><td></td><td></td><td></td><td></td></tr>
<tr><td rowspan="2">Vorhaltekosten der Geräte</td><td>BGL 1991</td><td>DM/Monat</td><td>DM/m²</td><td colspan="2" align="center">Eigene Werte</td></tr>
<tr><td></td><td></td><td></td><td>DM/Monat</td><td>DM/m²</td></tr>
<tr><td>Hydraulikbagger 80 kW
Hochfrequenz-Vibratoren

Kraftstation
(dieselhydraulisch/dieselelektrisch)</td><td>3150-0080
3448-0430</td><td></td><td></td><td></td><td></td></tr>
<tr><td colspan="3">$\dfrac{\text{Vorhaltekosten im Monat}}{170\ \text{h}} \times 8\ \text{h} = \underline{\hspace{3cm}}_{\text{Tagesleistung}} =$</td><td></td><td></td><td></td></tr>
<tr><td colspan="2">Gesamtsumme:</td><td></td><td></td><td></td><td></td></tr>
</table>

Kanaldielen, KD-Profile, KD VI L (62 kg/m² Wand). Die Zeitaufwandwerte enthalten: Abladen, Aufnehmen, Ausrichten, Rammen und Ziehen.	Rammtiefe: 1,00–5,00 m Boden: DIN 18 300 Klasse 4 KD VI L

Lohnkosten	h/m²	DM/m²	Eigene Werte h/m²	Eigene Werte DM/m²
Baugrubenverbaukolonne: 1 : 5				
Kanaldielen: abladen 0,062 t × 1,80 h	0,11			
aufnehmen = 0,20 h				
ausrichten = 0,10 h				
rammen = 0,50 h	0,80			
ziehen = 0,45 h	0,45			
Grundsätzlich gilt:				
$\dfrac{\text{Zeitaufwand h}}{\text{Tagesleistung m}^2} = \text{h/m}^2$				
Mittellohn (DM × h/m²):				
Summe:	1,36			

Materialkosten (Stoffkosten)	DM/t	DM/m²	Eigene Werte DM/t	Eigene Werte DM/m²
Kanaldielen, KD-Profile KD VI L				
Kanaldielen 0,062 t =				
Wertminderung 20 % =				
Verluste 10 % =				
Summe:				

Vorhaltekosten der Geräte	BGL 1991	DM/Monat	DM/m²	Eigene Werte DM/Monat	Eigene Werte DM/m²
Hydraulikbagger 80 kW	3150-0080				
Hochfrequenz-Vibratoren	3448-0430				
Kraftstation (dieselhydraulisch/dieselelektrisch)					
$\dfrac{\text{Vorhaltekosten im Monat}}{170\ \text{h}} \times 8\ \text{h} = \underline{\hspace{3cm}} = $ Tagesleistung					
Gesamtsumme:					

2.1 Ramm- und Verbautechnik

<table>
<tr><td colspan="2">Kanaldielen, KD-Profile, KD VI (83 kg/m² Wand).
Die Zeitaufwandwerte enthalten:
Abladen, Aufnehmen, Ausrichten, Rammen und Ziehen.</td><td colspan="4">Rammtiefe: 1,00–5,00 m
Boden: DIN 18 300 Klasse 3
KD VI</td></tr>
<tr><td rowspan="2">Lohnkosten</td><td rowspan="2">h/m²</td><td rowspan="2">DM/m²</td><td colspan="2">Eigene Werte</td></tr>
<tr><td>h/m²</td><td>DM/m²</td></tr>
<tr><td colspan="2">Baugrubenverbaukolonne: 1 : 5

Kanaldielen: abladen 0,083 t × 1,80 h

     aufnehmen = 0,20 h
     ausrichten = 0,10 h
     rammen   = 0,55 h
     ziehen   = 0,45 h

Grundsätzlich gilt:

$\dfrac{\text{Zeitaufwand } h}{\text{Tagesleistung } m^2} = h/m^2$

Mittellohn (DM × h/m²):</td><td>0,15

0,85
0,45</td><td></td><td></td><td></td></tr>
<tr><td colspan="2">Summe:</td><td>1,45</td><td></td><td></td><td></td></tr>
<tr><td rowspan="2">Materialkosten (Stoffkosten)</td><td rowspan="2">DM/t</td><td rowspan="2">DM/m²</td><td colspan="2">Eigene Werte</td></tr>
<tr><td>DM/t</td><td>DM/m²</td></tr>
<tr><td colspan="2">Kanaldielen, KD-Profile KD VI
Kanaldielen   0,083 t =
Wertminderung   20 % =
Verluste   10 % =</td><td></td><td></td><td></td><td></td></tr>
<tr><td colspan="2">Summe: ·</td><td></td><td></td><td></td><td></td></tr>
<tr><td>Vorhaltekosten der Geräte</td><td>BGL 1991</td><td>DM/Monat</td><td>DM/m²</td><td colspan="2">Eigene Werte</td></tr>
<tr><td></td><td></td><td></td><td></td><td>DM/Monat</td><td>DM/m²</td></tr>
<tr><td>Hydraulikbagger 80 kW
Hochfrequenz-Vibratoren

Kraftstation
(dieselhydraulisch/dieselelektrisch)</td><td>3150-0080
3448-0430</td><td></td><td></td><td></td><td></td></tr>
<tr><td colspan="2">$\dfrac{\text{Vorhaltekosten im Monat}}{170 \text{ h}} \times 8 \text{ h} = \underline{\qquad\qquad} =$ Tagesleistung</td><td></td><td></td><td></td><td></td></tr>
<tr><td colspan="2">Gesamtsumme:</td><td></td><td></td><td></td><td></td></tr>
</table>

Kanaldielen, KD-Profile, KD VI (83 kg/m² Wand). Die Zeitaufwandwerte enthalten: Abladen, Aufnehmen, Ausrichten, Rammen und Ziehen.	Rammtiefe: 1,00–5,00 m Boden: DIN 18 300 Klasse 4 KD VI

| **Lohnkosten** | h/m² | DM/m² | Eigene Werte | |
			h/m²	DM/m²
Baugrubenverbaukolonne: 1 : 5				
Kanaldielen: abladen 0,083 t × 1,80 h	0,15			
aufnehmen = 0,20 h				
ausrichten = 0,10 h				
rammen = 0,60 h	0,90			
ziehen = 0,50 h	0,50			
Grundsätzlich gilt:				
$\dfrac{\text{Zeitaufwand } h}{\text{Tagesleistung } m^2} = h/m^2$				
Mittellohn (DM × h/m²):				
Summe:	1,55			

| **Materialkosten** (Stoffkosten) | DM/t | DM/m² | Eigene Werte | |
			DM/t	DM/m²
Kanaldielen, KD-Profile KD VI				
Kanaldielen 0,083 t =				
Wertminderung 20 % =				
Verluste 10 % =				
Summe:				

| **Vorhaltekosten der Geräte** | BGL 1991 | DM/Monat | DM/m² | Eigene Werte | |
				DM/Monat	DM/m²
Hydraulikbagger 80 kW	3150-0080				
Hochfrequenz-Vibratoren	3448-0430				
Kraftstation (dieselhydraulisch/dieselelektrisch)					

$$\frac{\text{Vorhaltekosten im Monat}}{170 \text{ h}} \times 8\,h = \underline{\hspace{3cm}} \div \text{Tagesleistung} =$$

Gesamtsumme:				

2.1 Ramm- und Verbautechnik

Kanaldielen, KD-Profile, KD 800 (73 kg/m² Wand). Die Zeitaufwandwerte enthalten: Abladen, Aufnehmen, Ausrichten, Rammen und Ziehen.			Rammtiefe: 1,00–5,00 m Boden: DIN 18 300 Klasse 4 KD 800	
			Eigene Werte	
Lohnkosten	h/m²	DM/m²	h/m²	DM/m²
Baugrubenverbaukolonne: 1 : 5				
Kanaldielen: abladen 0,073 t × 1,80 h	0,13			

aufnehmen = 0,20 h
    ausrichten = 0,10 h
    rammen = 0,50 h
	0,80			

ziehen = 0,40 h	0,40			
Grundsätzlich gilt:				
$\dfrac{\text{Zeitaufwand}\ \ \text{h}}{\text{Tagesleistung}\ \ \text{m}^2} = \text{h/m}^2$				
Mittellohn (DM × h/m²):				
Summe:	1,33			
			Eigene Werte	
Materialkosten (Stoffkosten)	DM/t	DM/m²	DM/t	DM/m²
Kanaldielen, KD-Profile KD 800 Kanaldielen 0,073 t = Wertminderung 20 % = Verluste 10 % =				
Summe:				

				Eigene Werte	
Vorhaltekosten der Geräte	BGL 1991	DM/Monat	DM/m²	DM/Monat	DM/m²
Hydraulikbagger 80 kW Hochfrequenz-Vibratoren	3150-0080 3448-0430				
Kraftstation (dieselhydraulisch/dieselelektrisch)					
$\dfrac{\text{Vorhaltekosten im Monat}}{170\ \text{h}} \times 8\ \text{h} = \underline{\hspace{3cm}} =$ Tagesleistung					
Gesamtsumme:					

Kanaldielen, KD-Profile, KD 800 (73 kg/m² Wand). Die Zeitaufwandwerte enthalten: Abladen, Aufnehmen, Ausrichten, Rammen und Ziehen.			Rammtiefe: 1,00–5,00 m Boden: DIN 18 300 Klasse 4 KD 800	
Lohnkosten	h/m^2	DM/m^2	**Eigene Werte**	
			h/m^2	DM/m^2
Baugrubenverbaukolonne: 1 : 5				
Kanaldielen: abladen 0,073 t × 1,80 h	0,13			
aufnehmen = 0,20 h				
ausrichten = 0,10 h				
rammen = 0,55 h	0,85			
ziehen = 0,45 h	0,45			
Grundsätzlich gilt:				
$\dfrac{\text{Zeitaufwand } h}{\text{Tagesleistung } m^2} = h/m^2$				
Mittellohn (DM × h/m^2):				
Summe:	1,43			

Materialkosten (Stoffkosten)	DM/t	DM/m^2	**Eigene Werte**	
			DM/t	DM/m^2
Kanaldielen, KD-Profile KD 800				
Kanaldielen 0,073 t =				
Wertminderung 20 % =				
Verluste 10 % =				
Summe:				

Vorhaltekosten der Geräte	BGL 1991	DM/Monat	DM/m^2	**Eigene Werte**	
				DM/Monat	DM/m^2
Hydraulikbagger 80 kW	3150-0080				
Hochfrequenz-Vibratoren	3448-0430				
Kraftstation (dieselhydraulisch/dieselelektrisch)					
$\dfrac{\text{Vorhaltekosten im Monat}}{170 \text{ h}}$ × 8 h = ________ = Tagesleistung					
Gesamtsumme:					

2.1 Ramm- und Verbautechnik

Stahlspundbohlen, Arbed Z-Profile BZ 42 (271 kg/m² Wand). Die Zeitaufwandwerte enthalten: Abladen, Aufnehmen, Ausrichten, Rammen und Ziehen.	Rammtiefe: 1,00–5,00 m Boden: DIN 18 300 Klasse 3 BZ 42

			Eigene Werte	
Lohnkosten	h/m²	DM/m²	h/m²	DM/m²
Baugrubenverbaukolonne: 1 : 5				
Stahlspundbohlen: abladen 0,271 t × 1,80 h	0,49			
aufnehmen = 0,20 h ausrichten = 0,10 h rammen = 1,50 h	1,80			
ziehen = 1,25 h	1,25			
Grundsätzlich gilt:				
$\dfrac{\text{Zeitaufwand}\ h}{\text{Tagesleistung}\ m^2} = h/m^2$				
Mittellohn (DM × h):				
Summe:	3,54			

			Eigene Werte	
Materialkosten (Stoffkosten)	DM/t	DM/m²	DM/t	DM/m²
Stahlspundbohlen, Arbed Z-Profil BZ 42 Stahlspundbohlen 0,271 t = Wertminderung 20 % = Verluste 5 % =				
Summe:				

				Eigene Werte	
Vorhaltekosten der Geräte	BGL 1991	DM/Monat	DM/m²	DM/Monat	DM/m²
Vollhydraulische Rammbagger Hydraulik-Hämmer	3427-3435 3439-3444				
Kraftstation (dieselhydraulisch/dieselelektrisch)					
$\dfrac{\text{Vorhaltekosten im Monat}}{170\ h} \times 8\ h = \underline{\qquad} = $ Tagesleistung				——	——
Gesamtsumme:					

<table>
<tr><td colspan="2">Stahlspundbohlen, Arbed Z-Profile BZ 42 (271 kg/m² Wand).
Die Zeitaufwandwerte enthalten:
Abladen, Aufnehmen, Ausrichten, Rammen und Ziehen.</td><td colspan="4">Rammtiefe: 1,00–5,00 m
Boden: DIN 18 300 Klasse 4
BZ 42</td></tr>
<tr><td rowspan="2">Lohnkosten</td><td rowspan="2">h/m²</td><td rowspan="2">DM/m²</td><td colspan="2">Eigene Werte</td></tr>
<tr><td>h/m²</td><td>DM/m²</td></tr>
<tr><td colspan="2">Baugrubenverbaukolonne: 1 : 5</td><td></td><td></td><td></td></tr>
<tr><td colspan="2">Stahlspundbohlen: abladen 0,271 t × 1,80 h</td><td>0,49</td><td></td><td></td></tr>
<tr><td colspan="2">aufnehmen = 0,20 h
ausrichten = 0,10 h
rammen = 1,60 h</td><td>1,90</td><td></td><td></td></tr>
<tr><td colspan="2">ziehen = 1,30 h</td><td>1,30</td><td></td><td></td></tr>
<tr><td colspan="2">Grundsätzlich gilt:

$\dfrac{\text{Zeitaufwand}\ \text{h}}{\text{Tagesleistung}\ \text{m}^2} = \text{h/m}^2$

Mittellohn (DM × h):</td><td></td><td></td><td></td></tr>
<tr><td colspan="2">Summe:</td><td>3,69</td><td></td><td></td></tr>
<tr><td rowspan="2">Materialkosten (Stoffkosten)</td><td rowspan="2">DM/t</td><td rowspan="2">DM/m²</td><td colspan="2">Eigene Werte</td></tr>
<tr><td>DM/t</td><td>DM/m²</td></tr>
<tr><td colspan="2">Stahlspundbohlen, Arbed Z-Profil BZ 42
Stahlspundbohlen 0,271 t =
Wertminderung 20 % =
Verluste 5 % =</td><td></td><td></td><td></td></tr>
<tr><td colspan="2">Summe:</td><td></td><td></td><td></td></tr>
<tr><td rowspan="2">Vorhaltekosten der Geräte</td><td rowspan="2">BGL 1991</td><td rowspan="2">DM/Monat</td><td rowspan="2">DM/m²</td><td colspan="2">Eigene Werte</td></tr>
<tr><td>DM/Monat</td><td>DM/m²</td></tr>
<tr><td>Vollhydraulische Rammbagger
Hydraulik-Hämmer

Kraftstation
(dieselhydraulisch/dieselelektrisch)</td><td>3427-3435
3439-3444</td><td></td><td></td><td></td><td></td></tr>
<tr><td>$\dfrac{\text{Vorhaltekosten im Monat}}{170\ \text{h}}$ × 8 h =</td><td colspan="2">______ = Tagesleistung</td><td></td><td>____</td><td>____</td></tr>
<tr><td colspan="3">Gesamtsumme:</td><td></td><td></td><td></td></tr>
</table>

2.1 Ramm- und Verbautechnik

<table>
<tr><td colspan="2">Stahlspundbohlen, Arbed Z-Profile BZ 42 (271 kg/m^2 Wand).
Die Zeitaufwandwerte enthalten:
Abladen, Aufnehmen, Ausrichten, Rammen und Ziehen.</td><td colspan="4">Rammtiefe: 1,00–5,00 m
Boden: DIN 18 300 Klasse 5
BZ 42</td></tr>
<tr><td rowspan="2">Lohnkosten</td><td rowspan="2">h/m^2</td><td rowspan="2">DM/m^2</td><td colspan="2" align="center">Eigene Werte</td></tr>
<tr><td>h/m^2</td><td>DM/m^2</td></tr>
<tr><td>Baugrubenverbaukolonne: 1 : 5

Stahlspundbohlen: abladen 0,271 t × 1,80 h

     aufnehmen = 0,20 h
     ausrichten = 0,10 h
     rammen   = 1,70 h
     ziehen   = 1,40 h

Grundsätzlich gilt:

$\dfrac{\text{Zeitaufwand h}}{\text{Tagesleistung m}^2} = \text{h/m}^2$

Mittellohn (DM × h):</td><td>0,49

2,00
1,40</td><td></td><td></td><td></td></tr>
<tr><td>Summe:</td><td>3,89</td><td></td><td></td><td></td></tr>
<tr><td rowspan="2">Materialkosten (Stoffkosten)</td><td rowspan="2">DM/t</td><td rowspan="2">DM/m^2</td><td colspan="2" align="center">Eigene Werte</td></tr>
<tr><td>DM/t</td><td>DM/m^2</td></tr>
<tr><td>Stahlspundbohlen, Arbed Z-Profil BZ 42
Stahlspundbohlen 0,271 t =
Wertminderung   20 % =
Verluste   5 % =</td><td></td><td></td><td></td><td></td></tr>
<tr><td>Summe:</td><td></td><td></td><td></td><td></td></tr>
<tr><td rowspan="2">Vorhaltekosten der Geräte</td><td>BGL 1991</td><td>DM/Monat</td><td>DM/m^2</td><td colspan="2" align="center">Eigene Werte</td></tr>
<tr><td></td><td></td><td></td><td>DM/Monat</td><td>DM/m^2</td></tr>
<tr><td>Vollhydraulische Rammbagger
Hydraulik-Hämmer

Kraftstation
(dieselhydraulisch/dieselelektrisch)</td><td>3427-3435
3439-3444</td><td></td><td></td><td></td><td></td></tr>
<tr><td>$\dfrac{\text{Vorhaltekosten im Monat}}{170 \text{ h}} \times 8\,\text{h} = \underline{\hphantom{xxxx}} = \text{Tagesleistung}$</td><td></td><td></td><td></td><td>——</td><td>——</td></tr>
<tr><td>Gesamtsumme:</td><td></td><td></td><td></td><td></td><td></td></tr>
</table>

Stahlspundbohlen, Arbed Z-Profile BZ 42 (271 kg/m² Wand). Die Zeitaufwandwerte enthalten: Abladen, Aufnehmen, Ausrichten, Rammen und Ziehen.	Rammtiefe: 5,00–10,00 m Boden: DIN 18 300 Klasse 3 BZ 42

Lohnkosten	h/m²	DM/m²	Eigene Werte h/m²	Eigene Werte DM/m²
Baugrubenverbaukolonne: 1 : 5				
Stahlspundbohlen: abladen 0,271 t × 1,80 h	0,49			
aufnehmen = 0,20 h				
ausrichten = 0,10 h				
rammen = 1,65 h	1,95			
ziehen = 1,30 h	1,30			
Grundsätzlich gilt:				
$\dfrac{\text{Zeitaufwand h}}{\text{Tagesleistung m}^2} = \text{h/m}^2$				
Mittellohn (DM × h):				
Summe:	3,74			

Materialkosten (Stoffkosten)	DM/t	DM/m²	Eigene Werte DM/t	Eigene Werte DM/m²
Stahlspundbohlen, Arbed Z-Profil BZ				
Stahlspundbohlen 0,271 t =				
Wertminderung 20 % =				
Verluste 5 % =				
Summe:				

Vorhaltekosten der Geräte	BGL 1991	DM/Monat	DM/m²	Eigene Werte DM/Monat	Eigene Werte DM/m²
Vollhydraulische Rammbagger	3427-3435				
Hydraulik-Hämmer	3439-3444				
Kraftstation (dieselhydraulisch/dieselelektrisch)					
$\dfrac{\text{Vorhaltekosten im Monat}}{170\ \text{h}} \times 8\ \text{h} = \underline{\qquad} = $ Tagesleistung					
Gesamtsumme:					

2.1 Ramm- und Verbautechnik

<table>
<tr>
<td colspan="5">Stahlspundbohlen, Arbed Z-Profile BZ 42 (271 kg/m² Wand).
Die Zeitaufwandwerte enthalten:
Abladen, Aufnehmen, Ausrichten, Rammen und Ziehen.</td>
<td colspan="4">Rammtiefe: 5,00–10,00 m
Boden: DIN 18 300 Klasse 4
BZ 42</td>
</tr>
</table>

			Eigene Werte	
Lohnkosten	h/m²	DM/m²	h/m²	DM/m²
Baugrubenverbaukolonne: 1 : 5				
Stahlspundbohlen: abladen 0,271 t × 1,80 h	0,49			
aufnehmen = 0,20 h				
ausrichten = 0,10 h				
rammen = 1,75 h	2,05			
ziehen = 1,40 h	1,40			
Grundsätzlich gilt:				
$\dfrac{\text{Zeitaufwand} \quad h}{\text{Tagesleistung } m^2} = h/m^2$				
Mittellohn (DM × h):				
Summe:	3,94			

			Eigene Werte	
Materialkosten (Stoffkosten)	DM/t	DM/m²	DM/t	DM/m²
Stahlspundbohlen, Arbed Z-Profil BZ 42				
Stahlspundbohlen 0,271 t =				
Wertminderung 22 % =				
Verluste 8 % =				
Summe:				

				Eigene Werte	
Vorhaltekosten der Geräte	BGL 1991	DM/Monat	DM/m²	DM/Monat	DM/m²
Vollhydraulische Rammbagger	3427-3435				
Hydraulik-Hämmer	3439-3444				
Kraftstation (dieselhydraulisch/dieselelektrisch)					
$\dfrac{\text{Vorhaltekosten im Monat}}{170\ h} \times 8\ h = \underline{\qquad} = $ Tagesleistung				——	——
Gesamtsumme:					

| **Stahlspundbohlen, Arbed Z-Profile BZ 42** (271 kg/m² Wand).
Die Zeitaufwandwerte enthalten:
Abladen, Aufnehmen, Ausrichten, Rammen und Ziehen. | | | Rammtiefe: 5,00–10,00 m
Boden: DIN 18 300 Klasse 5
BZ 42 | |

Lohnkosten	h/m²	DM/m²	Eigene Werte h/m²	Eigene Werte DM/m²
Baugrubenverbaukolonne: 1 : 5				
Stahlspundbohlen: abladen 0,271 t × 1,80 h	0,49			
aufnehmen = 0,20 h				
ausrichten = 0,10 h				
rammen = 1,85 h	2,15			
ziehen = 1,50 h	1,50			
Grundsätzlich gilt:				
$\dfrac{\text{Zeitaufwand}\ \ h}{\text{Tagesleistung}\ m^2} = h/m^2$				
Mittellohn (DM × h):				
Summe:	4,14			

Materialkosten (Stoffkosten)	DM/t	DM/m²	Eigene Werte DM/t	Eigene Werte DM/m²
Stahlspundbohlen, Arbed Z-Profil BZ 42				
Stahlspundbohlen 0,271 t =				
Wertminderung 25 % =				
Verluste 10 % =				
Summe:				

Vorhaltekosten der Geräte	BGL 1991	DM/Monat	DM/m²	Eigene Werte DM/Monat	Eigene Werte DM/m²
Vollhydraulische Rammbagger	3427-3435				
Hydraulik-Hämmer	3439-3444				
Kraftstation (dieselhydraulisch/dieselelektrisch)					
$\dfrac{\text{Vorhaltekosten im Monat}}{170\ h} \times 8\ h = \underline{\hphantom{xxxxx}} = $ Tagesleistung					
Gesamtsumme:					

2.1 Ramm- und Verbautechnik

| **Stahlspundbohlen, Arbed Z-Profile BZ 37** (234 kg/m² Wand).
 Die Zeitaufwandwerte enthalten:
 Abladen, Aufnehmen, Ausrichten, Rammen und Ziehen. | | | Rammtiefe: 1,00–5,00 m
 Boden: DIN 18 300 Klasse 3
 BZ 37 | |

Lohnkosten	h/m^2	DM/m^2	Eigene Werte	
			h/m^2	DM/m^2
Baugrubenverbaukolonne: 1 : 5				
Stahlspundbohlen: abladen 0,234 t × 1,80 h	0,42			
aufnehmen = 0,20 h				
ausrichten = 0,10 h				
rammen = 1,35 h	1,65			
ziehen = 1,00 h	1,00			
Grundsätzlich gilt:				
$$\frac{\text{Zeitaufwand } h}{\text{Tagesleistung } m^2} = h/m^2$$				
Mittellohn (DM × h):				
Summe:	3,07			

Materialkosten (Stoffkosten)	DM/t	DM/m^2	Eigene Werte	
			DM/t	DM/m^2
Stahlspundbohlen, Arbed Z-Profil BZ 37				
Stahlspundbohlen 0,234 t =				
Wertminderung 20 % =				
Verluste 5 % =				
Summe:				

Vorhaltekosten der Geräte	BGL 1991	DM/Monat	DM/m^2	Eigene Werte	
				DM/Monat	DM/m^2
Vollhydraulische Rammbagger Hydraulik-Hämmer	3427-3435 3439-3444				
Kraftstation (dieselhydraulisch/dieselelektrisch)					
$\dfrac{\text{Vorhaltekosten im Monat}}{170\ h} \times 8\ h = \underline{\hspace{2cm}} \div \text{Tagesleistung} =$				—	—
Gesamtsumme:					

Stahlspundbohlen, Arbed Z-Profile BZ 37 (234 kg/m² Wand). Die Zeitaufwandwerte enthalten: Abladen, Aufnehmen, Ausrichten, Rammen und Ziehen.		Rammtiefe: 1,00–5,00 m Boden: DIN 18 300 Klasse 4 BZ 37

Lohnkosten	h/m²	DM/m²	Eigene Werte h/m²	DM/m²
Baugrubenverbaukolonne: 1 : 5				
Stahlspundbohlen: abladen 0,234 t × 1,80 h	0,42			
aufnehmen = 0,20 h				
ausrichten = 0,10 h				
rammen = 1,45 h	1,75			
ziehen = 1,05 h	1,05			
Grundsätzlich gilt:				
$\dfrac{\text{Zeitaufwand}\ h}{\text{Tagesleistung}\ m^2} = h/m^2$				
Mittellohn (DM × h):				
Summe:	3,22			

Materialkosten (Stoffkosten)	DM/t	DM/m²	Eigene Werte DM/t	DM/m²
Stahlspundbohlen, Arbed Z-Profil BZ 37				
Stahlspundbohlen 0,234 t =				
Wertminderung 20 % =				
Verluste 5 % =				
Summe:				

Vorhaltekosten der Geräte	BGL 1991	DM/Monat	DM/m²	Eigene Werte DM/Monat	DM/m²
Vollhydraulische Rammbagger	3427-3435				
Hydraulik-Hämmer	3439-3444				
Kraftstation (dieselhydraulisch/dieselelektrisch)					
$\dfrac{\text{Vorhaltekosten im Monat}}{170\ h} \times 8\ h = \underline{\hspace{2cm}} =$ Tagesleistung					
Gesamtsumme:					

2.1 Ramm- und Verbautechnik

Stahlspundbohlen, Arbed Z-Profile BZ 37 (234 kg/m² Wand). Die Zeitaufwandwerte enthalten: Abladen, Aufnehmen, Ausrichten, Rammen und Ziehen.			Rammtiefe: 1,00–5,00 m Boden: DIN 18 300 Klasse 5 BZ 37	
Lohnkosten	h/m²	DM/m²	**Eigene Werte**	
			h/m²	DM/m²
Baugrubenverbaukolonne: 1 : 5				
Stahlspundbohlen: abladen 0,234 t × 1,80 h	0,42			
aufnehmen = 0,20 h				
ausrichten = 0,10 h				
rammen = 1,75 h	2,05			
ziehen = 1,40 h	1,40			
Grundsätzlich gilt:				
$\dfrac{\text{Zeitaufwand} \quad h}{\text{Tagesleistung } m^2} = h/m^2$				
Mittellohn (DM × h):				
Summe:	3,87			

Materialkosten (Stoffkosten)	DM/t	DM/m²	**Eigene Werte**	
			DM/t	DM/m²
Stahlspundbohlen, Arbed Z-Profil BZ 37				
Stahlspundbohlen 0,234 t =				
Wertminderung 20 % =				
Verluste 5 % =				
Summe:				

Vorhaltekosten der Geräte	BGL 1991	DM/Monat	DM/m²	**Eigene Werte**	
				DM/Monat	DM/m²
Vollhydraulische Rammbagger	3427–3435				
Hydraulik-Hämmer	3439–3444				
Kraftstation (dieselhydraulisch/dieselelektrisch)					
$\dfrac{\text{Vorhaltekosten im Monat}}{170 \text{ h}} \times 8\,h = \dfrac{}{\text{Tagesleistung}} =$				——	——
Gesamtsumme:					

Stahlspundbohlen, Arbed Z-Profile BZ 37 (234 kg/m² Wand). Die Zeitaufwandwerte enthalten: Abladen, Aufnehmen, Ausrichten, Rammen und Ziehen.	Rammtiefe: 5,00–10,00 m Boden: DIN 18 300 Klasse 3 BZ 37

Lohnkosten	h/m²	DM/m²	**Eigene Werte** h/m²	DM/m²
Baugrubenverbaukolonne: 1 : 5				
Stahlspundbohlen: abladen 0,234 t × 1,80 h	0,42			
aufnehmen = 0,20 h				
ausrichten = 0,10 h				
rammen = 1,50 h	1,80			
ziehen = 1,05 h	1,05			
Grundsätzlich gilt:				
$\dfrac{\text{Zeitaufwand} \quad h}{\text{Tagesleistung} \ m^2} = h/m^2$				
Mittellohn (DM × h):				
Summe:	3,27			

Materialkosten (Stoffkosten)	DM/t	DM/m²	**Eigene Werte** DM/t	DM/m²
Stahlspundbohlen, Arbed Z-Profil BZ 37				
Stahlspundbohlen 0,234 t =				
Wertminderung 20 % =				
Verluste 5 % =				
Summe:				

Vorhaltekosten der Geräte	BGL 1991	DM/Monat	DM/m²	**Eigene Werte** DM/Monat	DM/m²
Vollhydraulische Rammbagger	3427-3435				
Hydraulik-Hämmer	3439-3444				
Kraftstation (dieselhydraulisch/dieselelektrisch)					
$\dfrac{\text{Vorhaltekosten im Monat}}{170\ h} \times 8\ h = \dfrac{}{\text{Tagesleistung}} =$					
Gesamtsumme:					

2.1 Ramm- und Verbautechnik

| **Stahlspundbohlen, Arbed Z-Profile BZ 37** (234 kg/m² Wand).
Die Zeitaufwandwerte enthalten:
Abladen, Aufnehmen, Ausrichten, Rammen und Ziehen. | | | Rammtiefe: 5,00–10,00 m
Boden: DIN 18 300 Klasse 4
BZ 37 | |

Lohnkosten	h/m²	DM/m²	Eigene Werte h/m²	Eigene Werte DM/m²
Baugrubenverbaukolonne: 1 : 5				
Stahlspundbohlen: abladen 0,234 t × 1,80 h	0,42			
$\qquad$ aufnehmen = 0,20 h				
$\qquad$ ausrichten = 0,10 h				
$\qquad$ rammen = 1,55 h	1,85			
$\qquad$ ziehen = 1,10 h	1,10			
Grundsätzlich gilt:				
$\dfrac{\text{Zeitaufwand } h}{\text{Tagesleistung } m^2} = h/m^2$				
Mittellohn (DM × h):				
Summe:	3,37			

Materialkosten (Stoffkosten)	DM/t	DM/m²	Eigene Werte DM/t	Eigene Werte DM/m²
Stahlspundbohlen, Arbed Z-Profil BZ 37				
Stahlspundbohlen 0,234 t =				
Wertminderung 22 % =				
Verluste 8 % =				
Summe:				

Vorhaltekosten der Geräte	BGL 1991	DM/Monat	DM/m²	Eigene Werte DM/Monat	Eigene Werte DM/m²
Vollhydraulische Rammbagger	3427-3435				
Hydraulik-Hämmer	3439-3444				
Kraftstation (dieselhydraulisch/dieselelektrisch)					
$\dfrac{\text{Vorhaltekosten im Monat}}{170 \text{ h}} \times 8 \text{ h} = \underline{\qquad} = $ Tagesleistung				———	———
Gesamtsumme:					

Stahlspundbohlen, Arbed Z-Profile BZ 37 (234 kg/m² Wand). Die Zeitaufwandwerte enthalten: Abladen, Aufnehmen, Ausrichten, Rammen und Ziehen.	Rammtiefe: 5,00–10,00 m Boden: DIN 18 300 Klasse 5 BZ 37

Lohnkosten	h/m²	DM/m²	Eigene Werte h/m²	DM/m²
Baugrubenverbaukolonne: 1 : 5				
Stahlspundbohlen: abladen 0,234 t × 1,80 h	0,42			
aufnehmen = 0,20 h				
ausrichten = 0,10 h				
rammen = 1,75 h	2,05			
ziehen = 1,45 h	1,45			
Grundsätzlich gilt:				
$\dfrac{\text{Zeitaufwand h}}{\text{Tagesleistung m}^2} = \text{h/m}^2$				
Mittellohn (DM × h):				
Summe:	3,92			

Materialkosten (Stoffkosten)	DM/t	DM/m²	Eigene Werte DM/t	DM/m²
Stahlspundbohlen, Arbed Z-Profil BZ 37				
Stahlspundbohlen 0,234 t =				
Wertminderung 25 % =				
Verluste 10 % =				
Summe:				

Vorhaltekosten der Geräte	BGL 1991	DM/Monat	DM/m²	Eigene Werte DM/Monat	DM/m²
Vollhydraulische Rammbagger	3427-3435				
Hydraulik-Hämmer	3439-3444				
Kraftstation (dieselhydraulisch/dieselelektrisch)					
$\dfrac{\text{Vorhaltekosten im Monat}}{170\ \text{h}} \times 8\ \text{h} = \dfrac{}{\text{Tagesleistung}} =$					
Gesamtsumme:					

2.1 Ramm- und Verbautechnik

<table>
<tr><td colspan="2">Stahlspundbohlen, Arbed Z-Profile BZ 32 (208 kg/m² Wand).
Die Zeitaufwandwerte enthalten:
Abladen, Aufnehmen, Ausrichten, Rammen und Ziehen.</td><td colspan="4">Rammtiefe: 1,00–5,00 m
Boden: DIN 18 300 Klasse 3
BZ 32</td></tr>
<tr><td rowspan="2">Lohnkosten</td><td rowspan="2">h/m²</td><td rowspan="2">DM/m²</td><td colspan="2">Eigene Werte</td></tr>
<tr><td>h/m²</td><td>DM/m²</td></tr>
<tr><td colspan="2">Baugrubenverbaukolonne: 1 : 5

Stahlspundbohlen: abladen 0,208 t × 1,80 h

        aufnehmen = 0,20 h
        ausrichten = 0,10 h
        rammen   = 1,30 h
        ziehen   = 0,95 h

Grundsätzlich gilt:

$$\frac{\text{Zeitaufwand h}}{\text{Tagesleistung m}^2} = \text{h/m}^2$$

Mittellohn (DM × h):</td><td>0,37

1,60

0,95</td><td></td><td></td><td></td></tr>
<tr><td colspan="2">Summe:</td><td>2,92</td><td></td><td></td><td></td></tr>
<tr><td rowspan="2">Materialkosten (Stoffkosten)</td><td rowspan="2">DM/t</td><td rowspan="2">DM/m²</td><td colspan="2">Eigene Werte</td></tr>
<tr><td>DM/t</td><td>DM/m²</td></tr>
<tr><td colspan="2">Stahlspundbohlen, Arbed Z-Profil BZ 32
Stahlspundbohlen 0,208 t =
Wertminderung   20 % =
Verluste   5 % =</td><td></td><td></td><td></td><td></td></tr>
<tr><td colspan="2">Summe:</td><td></td><td></td><td></td><td></td></tr>
<tr><td rowspan="2">Vorhaltekosten der Geräte</td><td rowspan="2">BGL 1991</td><td rowspan="2">DM/Monat</td><td rowspan="2">DM/m²</td><td colspan="2">Eigene Werte</td></tr>
<tr><td>DM/Monat</td><td>DM/m²</td></tr>
<tr><td>Vollhydraulische Rammbagger
Hydraulik-Hämmer

Kraftstation
(dieselhydraulisch/dieselelektrisch)</td><td>3427-3435
3439-3444</td><td></td><td></td><td></td><td></td></tr>
<tr><td colspan="2">$$\frac{\text{Vorhaltekosten im Monat}}{170 \text{ h}} \times 8\,\text{h} = \underline{\qquad\qquad} =$$
Tagesleistung</td><td></td><td></td><td>——</td><td>——</td></tr>
<tr><td colspan="2">Gesamtsumme:</td><td></td><td></td><td></td><td></td></tr>
</table>

Stahlspundbohlen, Arbed Z-Profile BZ 32 (208 kg/m² Wand). Die Zeitaufwandwerte enthalten: Abladen, Aufnehmen, Ausrichten, Rammen und Ziehen.	Rammtiefe: 1,00–5,00 m Boden: DIN 18 300 Klasse 4 BZ 32

Lohnkosten	h/m^2	DM/m^2	Eigene Werte h/m^2	Eigene Werte DM/m^2
Baugrubenverbaukolonne: 1 : 5				
Stahlspundbohlen: abladen 0,208 t × 1,80 h	0,37			
aufnehmen = 0,20 h				
ausrichten = 0,10 h				
rammen = 1,40 h	1,70			
ziehen = 1,05 h	1,05			
Grundsätzlich gilt:				
$\dfrac{\text{Zeitaufwand h}}{\text{Tagesleistung m}^2} = h/m^2$				
Mittellohn (DM × h):				
Summe:	3,12			

Materialkosten (Stoffkosten)	DM/t	DM/m^2	Eigene Werte DM/t	Eigene Werte DM/m^2
Stahlspundbohlen, Arbed Z-Profil BZ 32 Stahlspundbohlen 0,208 t = Wertminderung 20 % = Verluste 5 % =				
Summe:				

Vorhaltekosten der Geräte	BGL 1991	DM/Monat	DM/m^2	Eigene Werte DM/Monat	Eigene Werte DM/m^2
Vollhydraulische Rammbagger Hydraulik-Hämmer	3427-3435 3439-3444				
Kraftstation (dieselhydraulisch/dieselelektrisch)					
$\dfrac{\text{Vorhaltekosten im Monat}}{170 \text{ h}} \times 8\ h = \underline{\qquad} =$ Tagesleistung				——	——
Gesamtsumme:					

2.1 Ramm- und Verbautechnik

Stahlspundbohlen, Arbed Z-Profile BZ 32 (208 kg/m^2 Wand). Die Zeitaufwandwerte enthalten: Abladen, Aufnehmen, Ausrichten, Rammen und Ziehen.	Rammtiefe: 1,00–5,00 m Boden: DIN 18 300 Klasse 5 BZ 32

Lohnkosten	h/m^2	DM/m^2	Eigene Werte h/m^2	Eigene Werte DM/m^2
Baugrubenverbaukolonne: 1 : 5				
Stahlspundbohlen: abladen 0,208 t × 1,80 h	0,37			
aufnehmen = 0,20 h				
ausrichten = 0,10 h				
rammen = 1,70 h	2,00			
ziehen = 1,30 h	1,30			
Grundsätzlich gilt:				
$\dfrac{\text{Zeitaufwand}\ \ h}{\text{Tagesleistung}\ \ m^2} = h/m^2$				
Mittellohn (DM × h):				
Summe:	3,67			

Materialkosten (Stoffkosten)	DM/t	DM/m^2	Eigene Werte DM/t	Eigene Werte DM/m^2
Stahlspundbohlen, Arbed Z-Profil BZ 32 Stahlspundbohlen 0,208 t =				
Wertminderung 20 % =				
Verluste 5 % =				
Summe:				

Vorhaltekosten der Geräte	BGL 1991	DM/Monat	DM/m^2	Eigene Werte DM/Monat	Eigene Werte DM/m^2
Vollhydraulische Rammbagger	3427–3435				
Hydraulik-Hämmer	3439–3444				
Kraftstation (dieselhydraulisch/dieselelektrisch)					
$\dfrac{\text{Vorhaltekosten im Monat}}{170\ h} \times 8\ h =$ ________ = Tagesleistung				———	———
Gesamtsumme:					

Stahlspundbohlen, Arbed Z-Profile BZ 32 (208 kg/m² Wand). Die Zeitaufwandwerte enthalten: Abladen, Aufnehmen, Ausrichten, Rammen und Ziehen.		Rammtiefe: 5,00–10,00 m Boden: DIN 18 300 Klasse 3 BZ 32	

Lohnkosten	h/m²	DM/m²	**Eigene Werte** h/m²	DM/m²
Baugrubenverbaukolonne: 1 : 5				
Stahlspundbohlen: abladen 0,208 t × 1,80 h	0,37			
$\quad$ aufnehmen $= 0,20$ h				
$\quad$ ausrichten $= 0,10$ h				
$\quad$ rammen $= 1,40$ h	1,70			
$\quad$ ziehen $= 1,00$ h	1,00			
Grundsätzlich gilt:				
$\dfrac{\text{Zeitaufwand } h}{\text{Tagesleistung } m^2} = h/m^2$				
Mittellohn (DM × h):				
Summe:	3,07			

Materialkosten (Stoffkosten)	DM/t	DM/m²	**Eigene Werte** DM/t	DM/m²
Stahlspundbohlen, Arbed Z-Profil BZ 32				
Stahlspundbohlen $\quad$ 0,208 t =				
Wertminderung $\quad$ 20 % =				
Verluste $\quad$ 5 % =				
Summe:				

Vorhaltekosten der Geräte	BGL 1991	DM/Monat	DM/m²	**Eigene Werte** DM/Monat	DM/m²
Vollhydraulische Rammbagger	3427-3435				
Hydraulik-Hämmer	3439-3444				
Kraftstation (dieselhydraulisch/dieselelektrisch)					
$\dfrac{\text{Vorhaltekosten im Monat}}{170 \text{ h}} \times 8\,h = \underline{\qquad} = $ Tagesleistung				____	____
Gesamtsumme:					

2.1 Ramm- und Verbautechnik

| Stahlspundbohlen, Arbed Z-Profile BZ 32 (208 kg/m² Wand).
Die Zeitaufwandwerte enthalten:
Abladen, Aufnehmen, Ausrichten, Rammen und Ziehen. | | Rammtiefe: 5,00–10,00 m
Boden: DIN 18 300 Klasse 4
BZ 32 | | |

Lohnkosten	h/m²	DM/m²	Eigene Werte	
			h/m²	DM/m²
Baugrubenverbaukolonne: 1 : 5				
Stahlspundbohlen: abladen 0,208 t × 1,80 h	0,37			
aufnehmen = 0,20 h				
ausrichten = 0,10 h				
rammen = 1,50 h	1,80			
ziehen = 1,10 h	1,10			
Grundsätzlich gilt:				
$\dfrac{\text{Zeitaufwand h}}{\text{Tagesleistung m}^2} = \text{h/m}^2$				
Mittellohn (DM × h):				
Summe:	3,27			

Materialkosten (Stoffkosten)	DM/t	DM/m²	Eigene Werte	
			DM/t	DM/m²
Stahlspundbohlen, Arbed Z-Profil BZ 32				
Stahlspundbohlen 0,208 t =				
Wertminderung 22 % =				
Verluste 8 % =				
Summe:				

Vorhaltekosten der Geräte	BGL 1991	DM/Monat	DM/m²	Eigene Werte	
				DM/Monat	DM/m²
Vollhydraulische Rammbagger	3427-3435				
Hydraulik-Hämmer	3439-3444				
Kraftstation (dieselhydraulisch/dieselelektrisch)					
$\dfrac{\text{Vorhaltekosten im Monat}}{170 \text{ h}} \times 8 \text{ h} = \underline{\hspace{2cm}} \; \underset{\text{Tagesleistung}}{=}$					
Gesamtsumme:					

<table>
<tr>
<td colspan="2">Stahlspundbohlen, Arbed Z-Profile BZ 32 (208 kg/m² Wand).
Die Zeitaufwandwerte enthalten:
Abladen, Aufnehmen, Ausrichten, Rammen und Ziehen.</td>
<td colspan="4">Rammtiefe: 5,00–10,00 m
Boden: DIN 18 300 Klasse 5
BZ 32</td>
</tr>
</table>

Lohnkosten		h/m²	DM/m²	**Eigene Werte** h/m²	DM/m²
Baugrubenverbaukolonne: 1 : 5					
Stahlspundbohlen: abladen 0,208 t × 1,80 h		0,37			
	aufnehmen = 0,20 h				
	ausrichten = 0,10 h				
	rammen = 1,70 h	2,00			
	ziehen = 1,40 h	1,40			
Grundsätzlich gilt:					
$\dfrac{\text{Zeitaufwand} \quad h}{\text{Tagesleistung m}^2} = h/m^2$					
Mittellohn (DM × h):					
Summe:		3,77			

Materialkosten (Stoffkosten)	DM/t	DM/m²	**Eigene Werte** DM/t	DM/m²
Stahlspundbohlen, Arbed Z-Profil BZ 32 Stahlspundbohlen 0,208 t = Wertminderung 25 % = Verluste 10 % =				
Summe:				

Vorhaltekosten der Geräte	BGL 1991	DM/Monat	DM/m²	**Eigene Werte** DM/Monat	DM/m²
Vollhydraulische Rammbagger Hydraulik-Hämmer	3427-3435 3439-3444				
Kraftstation (dieselhydraulisch/dieselelektrisch)					
$\dfrac{\text{Vorhaltekosten im Monat}}{170\ h} \times 8\ h = \underline{\qquad} = $ Tagesleistung				——	——
Gesamtsumme:					

2.1 Ramm- und Verbautechnik

Stahlspundbohlen, Arbed AZ-Profile AZ 13 (107 kg/m² Wand). Die Zeitaufwandwerte enthalten: Abladen, Aufnehmen, Ausrichten, Rammen und Ziehen.	Rammtiefe: 1,00–5,00 m Boden: DIN 18 300 Klasse 3 AZ 13

Lohnkosten	h/m²	DM/m²	Eigene Werte h/m²	Eigene Werte DM/m²
Baugrubenverbaukolonne: 1 : 5				
Stahlspundbohlen: abladen 0,107 t × 1,80 h	0,19			
aufnehmen = 0,20 h				
ausrichten = 0,10 h				
rammen = 0,70 h	1,00			
ziehen = 0,60 h	0,60			
Grundsätzlich gilt:				
$\dfrac{\text{Zeitaufwand } h}{\text{Tagesleistung } m^2} = h/m^2$				
Mittellohn (DM × h):				
Summe:	1,79			

Materialkosten (Stoffkosten)	DM/t	DM/m²	Eigene Werte DM/t	Eigene Werte DM/m²
Stahlspundbohlen, Arbed AZ-Profil 13				
Stahlspundbohlen 0,107 t =				
Wertminderung 22 % =				
Verluste 8 % =				
Summe:				

Vorhaltekosten der Geräte	BGL 1991	DM/Monat	DM/m²	Eigene Werte DM/Monat	Eigene Werte DM/m²
Vollhydraulische Rammbagger Hydraulik-Hämmer	3427-3435 3439-3444				
Kraftstation (dieselhydraulisch/dieselelektrisch)					

$$\frac{\text{Vorhaltekosten im Monat}}{170 \text{ h}} \times 8\,h = \underline{\qquad\qquad} \text{Tagesleistung} = \underline{\qquad\qquad}$$

Gesamtsumme:				

Stahlspundbohlen, Arbed AZ-Profile AZ 13 (107 kg/m² Wand). Die Zeitaufwandwerte enthalten: Abladen, Aufnehmen, Ausrichten, Rammen und Ziehen.			Rammtiefe: 1,00–5,00 m Boden: DIN 18 300 Klasse 4 AZ 13	
			Eigene Werte	
Lohnkosten	h/m²	DM/m²	h/m²	DM/m²
Baugrubenverbaukolonne: 1 : 5				
Stahlspundbohlen: abladen 0,107 t × 1,80 h	0,19			
aufnehmen = 0,20 h ausrichten = 0,10 h rammen = 0,80 h	1,10			
ziehen = 0,65 h	0,65			
Grundsätzlich gilt: $$\frac{\text{Zeitaufwand } h}{\text{Tagesleistung } m^2} = h/m^2$$ Mittellohn (DM × h):				
Summe:	1,94			
			Eigene Werte	
Materialkosten (Stoffkosten)	DM/t	DM/m²	DM/t	DM/m²
Stahlspundbohlen, Arbed AZ-Profil 13 Stahlspundbohlen 0,107 t = Wertminderung 22 % = Verluste 8 % =				
Summe:				
			Eigene Werte	
Vorhaltekosten der Geräte	BGL 1991	DM/Monat	DM/m²	DM/Monat	DM/m²
Vollhydraulische Rammbagger Hydraulik-Hämmer	3427-3435 3439-3444				
Kraftstation (dieselhydraulisch/dieselelektrisch)					
$\dfrac{\text{Vorhaltekosten im Monat}}{170 \text{ h}} \times 8\,h = \dfrac{}{\text{Tagesleistung}} =$				——	——
Gesamtsumme:				

2.1 Ramm- und Verbautechnik

Stahlspundbohlen, Arbed AZ-Profile AZ 13 (107 kg/m^2 Wand). Die Zeitaufwandwerte enthalten: Abladen, Aufnehmen, Ausrichten, Rammen und Ziehen.			Rammtiefe: 1,00–5,00 m Boden: DIN 18 300 Klasse 5 AZ 13	

Lohnkosten	h/m^2	DM/m^2	Eigene Werte h/m^2	Eigene Werte DM/m^2
Baugrubenverbaukolonne: 1 : 5				
Stahlspundbohlen: abladen 0,107 t × 1,80 h	0,19			
aufnehmen = 0,20 h				
ausrichten = 0,10 h				
rammen = 1,20 h	1,50			
ziehen = 0,85 h	0,85			
Grundsätzlich gilt:				
$\dfrac{\text{Zeitaufwand h}}{\text{Tagesleistung m}^2} = \text{h/m}^2$				
Mittellohn (DM × h):				
Summe:	2,54			

Materialkosten (Stoffkosten)	DM/t	DM/m^2	Eigene Werte DM/t	Eigene Werte DM/m^2
Stahlspundbohlen, Arbed AZ-Profil 13 Stahlspundbohlen 0,107 t = Wertminderung 22 % = Verluste 8 % =				
Summe:				

Vorhaltekosten der Geräte	BGL 1991	DM/Monat	DM/m^2	Eigene Werte DM/Monat	Eigene Werte DM/m^2
Vollhydraulische Rammbagger	3427-3435				
Hydraulik-Hämmer	3439-3444				
Kraftstation (dieselhydraulisch/dieselelektrisch)					
$\dfrac{\text{Vorhaltekosten im Monat}}{170 \text{ h}} \times 8\,\text{h} = \underline{\qquad} = $ Tagesleistung				——	——
Gesamtsumme:					

<table>
<tr><td colspan="2">Stahlspundbohlen, Arbed U-Profile PU 6 (75 kg/m² Wand).
Die Zeitaufwandwerte enthalten:
Abladen, Aufnehmen, Ausrichten, Rammen und Ziehen.</td><td colspan="4">Rammtiefe: 1,00–5,00 m
Boden: DIN 18 300 Klasse 3
PU 6</td></tr>
<tr><td rowspan="2">Lohnkosten</td><td rowspan="2">h/m²</td><td rowspan="2">DM/m²</td><td colspan="2">Eigene Werte</td></tr>
<tr><td>h/m²</td><td>DM/m²</td></tr>
<tr><td>Baugrubenverbaukolonne: 1 : 5</td><td></td><td></td><td></td><td></td></tr>
<tr><td>Stahlspundbohlen: abladen 0,075 t × 1,80 h</td><td>0,14</td><td></td><td></td><td></td></tr>
<tr><td>aufnehmen = 0,20 h
ausrichten = 0,10 h
rammen = 0,65 h</td><td>0,95</td><td></td><td></td><td></td></tr>
<tr><td>ziehen = 0,55 h</td><td>0,55</td><td></td><td></td><td></td></tr>
<tr><td>Grundsätzlich gilt:

$\dfrac{\text{Zeitaufwand} \quad h}{\text{Tagesleistung } m^2} = h/m^2$

Mittellohn (DM × h):</td><td></td><td></td><td></td><td></td></tr>
<tr><td>Summe:</td><td>1,64</td><td></td><td></td><td></td></tr>
<tr><td rowspan="2">Materialkosten (Stoffkosten)</td><td rowspan="2">DM/t</td><td rowspan="2">DM/m²</td><td colspan="2">Eigene Werte</td></tr>
<tr><td>DM/t</td><td>DM/m²</td></tr>
<tr><td>Stahlspundbohlen, Arbed U-Profil PU 6
Stahlspundbohlen 0,075 t =
Wertminderung 20 % =
Verluste 5 % =</td><td></td><td></td><td></td><td></td></tr>
<tr><td>Summe:</td><td></td><td></td><td></td><td></td></tr>
</table>

<table>
<tr><td rowspan="2">Vorhaltekosten der Geräte</td><td rowspan="2">BGL 1991</td><td rowspan="2">DM/Monat</td><td rowspan="2">DM/m²</td><td colspan="2">Eigene Werte</td></tr>
<tr><td>DM/Monat</td><td>DM/m²</td></tr>
<tr><td>Vollhydraulische Rammbagger
Hydraulik-Hämmer</td><td>3427-3435
3439-3444</td><td></td><td></td><td></td><td></td></tr>
<tr><td>Kraftstation
(dieselhydraulisch/dieselelektrisch)</td><td></td><td></td><td></td><td></td><td></td></tr>
<tr><td colspan="3">$\dfrac{\text{Vorhaltekosten im Monat}}{170 \ h} \times 8\,h = \underline{\qquad\qquad} = \dfrac{}{\text{Tagesleistung}}$</td><td></td><td>——</td><td>——</td></tr>
<tr><td>Gesamtsumme:</td><td></td><td></td><td></td><td></td><td></td></tr>
</table>

2.1 Ramm- und Verbautechnik

<table>
<tr><td colspan="2">Stahlspundbohlen, Arbed U-Profile PU 6 (75 kg/m² Wand).
Die Zeitaufwandwerte enthalten:
Abladen, Aufnehmen, Ausrichten, Rammen und Ziehen.</td><td colspan="4">Rammtiefe: 1,00–5,00 m
Boden: DIN 18 300 Klasse 4
PU 6</td></tr>
<tr><td rowspan="2">Lohnkosten</td><td rowspan="2">h/m²</td><td rowspan="2">DM/m²</td><td colspan="2">Eigene Werte</td></tr>
<tr><td>h/m²</td><td>DM/m²</td></tr>
<tr><td colspan="2">Baugrubenverbaukolonne: 1 : 5

Stahlspundbohlen: abladen 0,075 t × 1,80 h

       aufnehmen = 0,20 h
       ausrichten = 0,10 h
       rammen = 0,70 h

       ziehen = 0,60 h

Grundsätzlich gilt:

$\dfrac{\text{Zeitaufwand} \quad \text{h}}{\text{Tagesleistung} \quad \text{m}^2} = \text{h/m}^2$

Mittellohn (DM × h):</td><td>0,14

1,00

0,60</td><td></td><td></td><td></td></tr>
<tr><td colspan="2">Summe:</td><td>1,74</td><td></td><td></td><td></td></tr>
<tr><td rowspan="2">Materialkosten (Stoffkosten)</td><td rowspan="2">DM/t</td><td rowspan="2">DM/m²</td><td colspan="2">Eigene Werte</td></tr>
<tr><td>DM/t</td><td>DM/m²</td></tr>
<tr><td colspan="2">Stahlspundbohlen, Arbed U-Profil PU 6
Stahlspundbohlen 0,075 t =
Wertminderung   20 % =
Verluste   5 % =</td><td></td><td></td><td></td><td></td></tr>
<tr><td colspan="2">Summe:</td><td></td><td></td><td></td><td></td></tr>
<tr><td rowspan="2">Vorhaltekosten der Geräte</td><td rowspan="2">BGL 1991</td><td rowspan="2">DM/Monat</td><td rowspan="2">DM/m²</td><td colspan="2">Eigene Werte</td></tr>
<tr><td>DM/Monat</td><td>DM/m²</td></tr>
<tr><td>Vollhydraulische Rammbagger
Hydraulik-Hämmer

Kraftstation
(dieselhydraulisch/dieselelektrisch)</td><td>3427-3435
3439-3444</td><td></td><td></td><td></td><td></td></tr>
<tr><td colspan="2">$\dfrac{\text{Vorhaltekosten im Monat}}{170 \text{ h}} \times 8 \text{ h} = \underline{\qquad} =$ Tagesleistung</td><td></td><td></td><td>——</td><td>——</td></tr>
<tr><td colspan="2">Gesamtsumme:</td><td></td><td></td><td></td><td></td></tr>
</table>

| **Stahlspundbohlen, Arbed U-Profile PU 6** (75 kg/m² Wand).
Die Zeitaufwandwerte enthalten:
Abladen, Aufnehmen, Ausrichten, Rammen und Ziehen. | | Rammtiefe: 1,00–5,00 m
Boden: DIN 18 300 Klasse 5
PU 6 | | |

Lohnkosten	h/m²	DM/m²	Eigene Werte h/m²	Eigene Werte DM/m²
Baugrubenverbaukolonne: 1 : 5				
Stahlspundbohlen: abladen 0,075 t × 1,80 h	0,14			
aufnehmen = 0,20 h				
ausrichten = 0,10 h				
rammen = 1,06 h	1,36			
ziehen = 0,90 h	0,90			
Grundsätzlich gilt:				
$\dfrac{\text{Zeitaufwand h}}{\text{Tagesleistung m}^2} = \text{h/m}^2$				
Mittellohn (DM × h):				
Summe:	2,40			

Materialkosten (Stoffkosten)	DM/t	DM/m²	Eigene Werte DM/t	Eigene Werte DM/m²
Stahlspundbohlen, Arbed U-Profil PU 6				
Stahlspundbohlen 0,075 t =				
Wertminderung 20 % =				
Verluste 5 % =				
Summe:				

Vorhaltekosten der Geräte	BGL 1991	DM/Monat	DM/m²	Eigene Werte DM/Monat	Eigene Werte DM/m²
Vollhydraulische Rammbagger	3427-3435				
Hydraulik-Hämmer	3439-3444				
Kraftstation (dieselhydraulisch/dieselelektrisch)					
$\dfrac{\text{Vorhaltekosten im Monat}}{170 \text{ h}} \times 8\,\text{h} = \underline{\quad\quad} = $ Tagesleistung				___	___
Gesamtsumme:					

2.1 Ramm- und Verbautechnik

Stahlspundbohlen, Arbed U-Profile PU 8 (91 kg/m² Wand). Die Zeitaufwandwerte enthalten: Abladen, Aufnehmen, Ausrichten, Rammen und Ziehen.			Rammtiefe: 1,00–5,00 m Boden: DIN 18 300 Klasse 3 PU 8	

Lohnkosten	h/m²	DM/m²	**Eigene Werte** h/m²	DM/m²
Baugrubenverbaukolonne: 1 : 5				
Stahlspundbohlen: abladen 0,091 t × 1,80 h	0,16			
aufnehmen = 0,20 h				
ausrichten = 0,10 h				
rammen = 0,70 h	1,00			
ziehen = 0,53 h	0,53			
Grundsätzlich gilt:				
$\dfrac{\text{Zeitaufwand}\ \text{h}}{\text{Tagesleistung}\ \text{m}^2} = \text{h/m}^2$				
Mittellohn (DM × h):				
Summe:	1,69			

Materialkosten (Stoffkosten)	DM/t	DM/m²	**Eigene Werte** DM/t	DM/m²
Stahlspundbohlen, Arbed U-Profil PU 8				
Stahlspundbohlen 0,091 t =				
Wertminderung 20 % =				
Verluste 5 % =				
Summe:				

Vorhaltekosten der Geräte	BGL 1991	DM/Monat	DM/m²	**Eigene Werte** DM/Monat	DM/m²
Vollhydraulische Rammbagger	3427-3435				
Hydraulik-Hämmer	3439-3444				
Kraftstation (dieselhydraulisch/dieselelektrisch)					
$\dfrac{\text{Vorhaltekosten im Monat}}{170\ \text{h}} \times 8\ \text{h} = \underline{\hphantom{xxxx}} \div \text{Tagesleistung} =$				——	——
Gesamtsumme:					

Stahlspundbohlen, Arbed U-Profile PU 8 (91 kg/m² Wand). Die Zeitaufwandwerte enthalten: Abladen, Aufnehmen, Ausrichten, Rammen und Ziehen.	Rammtiefe: 1,00–5,00 m Boden: DIN 18 300 Klasse 4 PU 8

Lohnkosten	h/m²	DM/m²	**Eigene Werte** h/m²	DM/m²
Baugrubenverbaukolonne: 1 : 5				
Stahlspundbohlen: abladen 0,091 t × 1,80 h	0,16			
aufnehmen = 0,20 h				
ausrichten = 0,10 h				
rammen = 0,73 h	1,03			
ziehen = 0,60 h	0,60			
Grundsätzlich gilt:				
$\dfrac{\text{Zeitaufwand } h}{\text{Tagesleistung } m^2} = h/m^2$				
Mittellohn (DM × h):				
Summe:	1,79			

Materialkosten (Stoffkosten)	DM/t	DM/m²	**Eigene Werte** DM/t	DM/m²
Stahlspundbohlen, Arbed U-Profil PU 8				
Stahlspundbohlen 0,091 t =				
Wertminderung 20 % =				
Verluste 5 % =				
Summe:				

Vorhaltekosten der Geräte	BGL 1991	DM/Monat	DM/m²	**Eigene Werte** DM/Monat	DM/m²
Vollhydraulische Rammbagger	3427-3435				
Hydraulik-Hämmer	3439-3444				
Kraftstation (dieselhydraulisch/dieselelektrisch)					
$\dfrac{\text{Vorhaltekosten im Monat}}{170 \text{ h}} \times 8\text{ h} = \dfrac{}{\text{Tagesleistung}} =$				———	———
Gesamtsumme:					

2.1 Ramm- und Verbautechnik

Stahlspundbohlen, Arbed U-Profile PU 8 (91 kg/m² Wand). Die Zeitaufwandwerte enthalten: Abladen, Aufnehmen, Ausrichten, Rammen und Ziehen.			Rammtiefe: 1,00–5,00 m Boden: DIN 18 300 Klasse 5 PU 8	

Lohnkosten	h/m²	DM/m²	**Eigene Werte** h/m²	DM/m²
Baugrubenverbaukolonne: 1 : 5				
Stahlspundbohlen: abladen 0,091 t × 1,80 h	0,16			
aufnehmen = 0,20 h ausrichten = 0,10 h rammen = 1,10 h	1,40			
ziehen = 0,70 h	0,70			
Grundsätzlich gilt:				
$$\frac{\text{Zeitaufwand} \quad h}{\text{Tagesleistung} \quad m^2} = h/m^2$$				
Mittellohn (DM × h):				
Summe:	2,26			

Materialkosten (Stoffkosten)	DM/t	DM/m²	**Eigene Werte** DM/t	DM/m²
Stahlspundbohlen, Arbed U-Profil PU 8 Stahlspundbohlen 0,091 t = Wertminderung 20 % = Verluste 5 % =				
Summe:				

Vorhaltekosten der Geräte	BGL 1991	DM/Monat	DM/m²	**Eigene Werte** DM/Monat	DM/m²
Vollhydraulische Rammbagger Hydraulik-Hämmer	3427-3435 3439-3444				
Kraftstation (dieselhydraulisch/dieselelektrisch)					
$$\frac{\text{Vorhaltekosten im Monat}}{170\ h} \times 8\ h =$$ ______ = Tagesleistung				——	——
Gesamtsumme:					

Stahlspundbohlen, Arbed U-Profile PU 12 (110 kg/m² Wand). Die Zeitaufwandwerte enthalten: Abladen, Aufnehmen, Ausrichten, Rammen und Ziehen.		Rammtiefe: 1,00–5,00 m Boden: DIN 18 300 Klasse 3 PU 12	

Lohnkosten	h/m²	DM/m²	**Eigene Werte** h/m²	DM/m²
Baugrubenverbaukolonne: 1 : 5				
Stahlspundbohlen: abladen 0,110 t × 1,80 h	0,20			
aufnehmen = 0,20 h				
ausrichten = 0,10 h				
rammen = 0,70 h	1,00			
ziehen = 0,60 h	0,60			
Grundsätzlich gilt:				
$\dfrac{\text{Zeitaufwand } h}{\text{Tagesleistung } m^2} = h/m^2$				
Mittellohn (DM × h):				
Summe:	1,80			

Materialkosten (Stoffkosten)	DM/t	DM/m²	**Eigene Werte** DM/t	DM/m²
Stahlspundbohlen, Arbed U-Profil PU 12				
Stahlspundbohlen 0,110 t =				
Wertminderung 20 % =				
Verluste 5 % =				
Summe:				

Vorhaltekosten der Geräte	BGL 1991	DM/Monat	DM/m²	**Eigene Werte** DM/Monat	DM/m²
Vollhydraulische Rammbagger Hydraulik-Hämmer	3427-3435 3439-3444				
Kraftstation (dieselhydraulisch/dieselelektrisch)					
$\dfrac{\text{Vorhaltekosten im Monat}}{170 \text{ h}} \times 8\,h = \underline{\qquad} =$ Tagesleistung				——	——
Gesamtsumme:					

2.1 Ramm- und Verbautechnik

Stahlspundbohlen, Arbed U-Profile PU 12 (110 kg/m² Wand). Die Zeitaufwandwerte enthalten: Abladen, Aufnehmen, Ausrichten, Rammen und Ziehen.		Rammtiefe: 1,00–5,00 m Boden: DIN 18 300 Klasse 4 PU 12	

Lohnkosten	h/m²	DM/m²	Eigene Werte h/m²	DM/m²
Baugrubenverbaukolonne: 1 : 5				
Stahlspundbohlen: abladen 0,110 t × 1,80 h	0,20			
aufnehmen = 0,20 h				
ausrichten = 0,10 h				
rammen = 0,80 h	1,10			
ziehen = 0,65 h	0,65			
Grundsätzlich gilt:				
$\dfrac{\text{Zeitaufwand} \ \ h}{\text{Tagesleistung} \ \ m^2} = h/m^2$				
Mittellohn (DM × h):				
Summe:	1,95			

Materialkosten (Stoffkosten)	DM/t	DM/m²	Eigene Werte DM/t	DM/m²
Stahlspundbohlen, Arbed U-Profil PU 12				
Stahlspundbohlen 0,110 t =				
Wertminderung 20 % =				
Verluste 5 % =				
Summe:				

Vorhaltekosten der Geräte	BGL 1991	DM/Monat	DM/m²	Eigene Werte DM/Monat	DM/m²
Vollhydraulische Rammbagger Hydraulik-Hämmer	3427-3435 3439-3444				
Kraftstation (dieselhydraulisch/dieselelektrisch)					
$\dfrac{\text{Vorhaltekosten im Monat}}{170 \ h} \times 8\ h = \dfrac{}{\text{Tagesleistung}} =$				——	——
Gesamtsumme:					

Stahlspundbohlen, Arbed U-Profile PU 12 (110 kg/m² Wand). Die Zeitaufwandwerte enthalten: Abladen, Aufnehmen, Ausrichten, Rammen und Ziehen.			Rammtiefe: 1,00–5,00 m Boden: DIN 18 300 Klasse 5 PU 12	

| **Lohnkosten** | h/m² | DM/m² | **Eigene Werte** | |
			h/m²	DM/m²
Baugrubenverbaukolonne: 1 : 5				
Stahlspundbohlen: abladen 0,110 t × 1,80 h	0,20			
aufnehmen = 0,20 h				
ausrichten = 0,10 h				
rammen = 1,20 h	1,50			
ziehen = 0,85 h	0,85			
Grundsätzlich gilt:				
$\dfrac{\text{Zeitaufwand} \quad h}{\text{Tagesleistung} \ m^2} = h/m^2$				
Mittellohn (DM × h):				
Summe:	2,55			

| **Materialkosten** (Stoffkosten) | DM/t | DM/m² | **Eigene Werte** | |
			DM/t	DM/m²
Stahlspundbohlen, Arbed U-Profil PU 12 Stahlspundbohlen 0,110 t = Wertminderung 20 % = Verluste 5 % =				
Summe:				

| **Vorhaltekosten der Geräte** | BGL 1991 | DM/Monat | DM/m² | **Eigene Werte** | |
				DM/Monat	DM/m²
Vollhydraulische Rammbagger Hydraulik-Hämmer	3427-3435 3439-3444				
Kraftstation (dieselhydraulisch/dieselelektrisch)					
$\dfrac{\text{Vorhaltekosten im Monat}}{170\ h} \times 8\ h = \underline{\hspace{3cm}} = $ Tagesleistung				——	——
Gesamtsumme:					

2.1 Ramm- und Verbautechnik

Stahlspundbohlen, Arbed U-Profile PU 16 (124 kg/m² Wand). Die Zeitaufwandwerte enthalten: Abladen, Aufnehmen, Ausrichten, Rammen und Ziehen.	Rammtiefe: 1,00–5,00 m Boden: DIN 18 300 Klasse 3 PU 16

Lohnkosten	h/m²	DM/m²	Eigene Werte h/m²	Eigene Werte DM/m²
Baugrubenverbaukolonne: 1 : 5				
Stahlspundbohlen: abladen 0,124 t × 1,80 h	0,22			
aufnehmen = 0,20 h				
ausrichten = 0,10 h				
rammen = 0,75 h	1,05			
ziehen = 0,60 h	0,60			
Grundsätzlich gilt:				
$\dfrac{\text{Zeitaufwand } h}{\text{Tagesleistung } m^2} = h/m^2$				
Mittellohn (DM × h):				
Summe:	1,87			

Materialkosten (Stoffkosten)	DM/t	DM/m²	Eigene Werte DM/t	Eigene Werte DM/m²
Stahlspundbohlen, Arbed U-Profil PU 16				
Stahlspundbohlen 0,124 t =				
Wertminderung 20 % =				
Verluste 5 % =				
Summe:				

Vorhaltekosten der Geräte	BGL 1991	DM/Monat	DM/m²	Eigene Werte DM/Monat	Eigene Werte DM/m²
Vollhydraulische Rammbagger	3427-3435				
Hydraulik-Hämmer	3439-3444				
Kraftstation (dieselhydraulisch/dieselelektrisch)					
$\dfrac{\text{Vorhaltekosten im Monat}}{170\ h} \times 8\ h = \underline{\hspace{2cm}} = $ Tagesleistung					
Gesamtsumme:					

<table>
<tr><td colspan="2">Stahlspundbohlen, Arbed U-Profile PU 16 (124 kg/m² Wand).
Die Zeitaufwandwerte enthalten:
Abladen, Aufnehmen, Ausrichten, Rammen und Ziehen.</td><td colspan="4">Rammtiefe: 1,00–5,00 m
Boden: DIN 18 300 Klasse 4
PU 16</td></tr>
<tr><td rowspan="2">Lohnkosten</td><td rowspan="2">h/m²</td><td rowspan="2">DM/m²</td><td colspan="2">Eigene Werte</td></tr>
<tr><td>h/m²</td><td>DM/m²</td></tr>
<tr><td>Baugrubenverbaukolonne: 1 : 5

Stahlspundbohlen: abladen 0,124 t × 1,80 h

     aufnehmen   = 0,20 h
     ausrichten   = 0,10 h
     rammen   = 0,85 h

     ziehen   = 0,70 h

Grundsätzlich gilt:

$$\frac{\text{Zeitaufwand h}}{\text{Tagesleistung m}^2} = h/m^2$$

Mittellohn (DM × h):</td><td>0,22

1,15

0,70</td><td></td><td></td><td></td></tr>
<tr><td>Summe:</td><td>2,07</td><td></td><td></td><td></td></tr>
<tr><td rowspan="2">Materialkosten (Stoffkosten)</td><td rowspan="2">DM/t</td><td rowspan="2">DM/m²</td><td colspan="2">Eigene Werte</td></tr>
<tr><td>DM/t</td><td>DM/m²</td></tr>
<tr><td>Stahlspundbohlen, Arbed U-Profil PU 16
Stahlspundbohlen   0,124 t =
Wertminderung   20 % =
Verluste   5 % =</td><td></td><td></td><td></td><td></td></tr>
<tr><td>Summe:</td><td></td><td></td><td></td><td></td></tr>
<tr><td rowspan="2">Vorhaltekosten der Geräte</td><td rowspan="2">BGL 1991</td><td rowspan="2">DM/Monat</td><td rowspan="2">DM/m²</td><td colspan="2">Eigene Werte</td></tr>
<tr><td>DM/Monat</td><td>DM/m²</td></tr>
<tr><td>Vollhydraulische Rammbagger
Hydraulik-Hämmer

Kraftstation
(dieselhydraulisch/dieselelektrisch)</td><td>3427-3435
3439-3444</td><td></td><td></td><td></td><td></td></tr>
<tr><td>$$\frac{\text{Vorhaltekosten im Monat}}{170\ h} \times 8\ h = \underline{\hspace{3cm}} =$$

                                  Tagesleistung</td><td colspan="3"></td><td>——</td><td>——</td></tr>
<tr><td>Gesamtsumme:</td><td></td><td></td><td></td><td></td></tr>
</table>

2.1 Ramm- und Verbautechnik

<table>
<tr><td colspan="2">Stahlspundbohlen, Arbed U-Profile PU 16 (124 kg/m² Wand).
Die Zeitaufwandwerte enthalten:
Abladen, Aufnehmen, Ausrichten, Rammen und Ziehen.</td><td colspan="4">Rammtiefe: 1,00–5,00 m
Boden: DIN 18 300 Klasse 5
PU 16</td></tr>
<tr><td rowspan="2">Lohnkosten</td><td rowspan="2">h/m²</td><td rowspan="2">DM/m²</td><td colspan="2">Eigene Werte</td></tr>
<tr><td>h/m²</td><td>DM/m²</td></tr>
<tr><td colspan="2">Baugrubenverbaukolonne: 1 : 5

Stahlspundbohlen: abladen 0,124 t × 1,80 h

      aufnehmen = 0,20 h
      ausrichten = 0,10 h
      rammen   = 1,25 h

      ziehen   = 0,90 h

Grundsätzlich gilt:

$$\frac{\text{Zeitaufwand } h}{\text{Tagesleistung } m^2} = h/m^2$$

Mittellohn (DM × h):</td><td>0,22

1,55

0,90</td><td></td><td></td><td></td></tr>
<tr><td colspan="2">Summe:</td><td>2,67</td><td></td><td></td><td></td></tr>
<tr><td rowspan="2">Materialkosten (Stoffkosten)</td><td rowspan="2">DM/t</td><td rowspan="2">DM/m²</td><td colspan="2">Eigene Werte</td></tr>
<tr><td>DM/t</td><td>DM/m²</td></tr>
<tr><td colspan="2">Stahlspundbohlen, Arbed U-Profil PU 16
Stahlspundbohlen 0,124 t =
Wertminderung   20 % =
Verluste   5 % =</td><td></td><td></td><td></td><td></td></tr>
<tr><td colspan="2">Summe:</td><td></td><td></td><td></td><td></td></tr>
<tr><td rowspan="2">Vorhaltekosten der Geräte</td><td>BGL 1991</td><td>DM/Monat</td><td>DM/m²</td><td colspan="2">Eigene Werte</td></tr>
<tr><td></td><td></td><td></td><td>DM/Monat</td><td>DM/m²</td></tr>
<tr><td>Vollhydraulische Rammbagger
Hydraulik-Hämmer

Kraftstation
(dieselhydraulisch/dieselelektrisch)</td><td>3427-3435
3439-3444</td><td></td><td></td><td></td><td></td></tr>
<tr><td colspan="2">$\dfrac{\text{Vorhaltekosten im Monat}}{170\ h} \times 8\ h = \underline{\qquad\qquad} \div \text{Tagesleistung} =$</td><td></td><td></td><td>—</td><td>—</td></tr>
<tr><td colspan="2">Gesamtsumme:</td><td></td><td></td><td></td><td></td></tr>
</table>

<table>
<tr>
<td colspan="3">Stahlspundbohlen, Arbed U-Profile PU 16 (124 kg/m² Wand).
Die Zeitaufwandwerte enthalten:
Abladen, Aufnehmen, Ausrichten, Rammen und Ziehen.</td>
<td colspan="2">Rammtiefe: 5,00–10,00 m
Boden: DIN 18 300 Klasse 3
PU 16</td>
</tr>
<tr>
<td rowspan="2">Lohnkosten</td>
<td rowspan="2">h/m²</td>
<td rowspan="2">DM/m²</td>
<td colspan="2">Eigene Werte</td>
</tr>
<tr>
<td>h/m²</td>
<td>DM/m²</td>
</tr>
<tr>
<td>Baugrubenverbaukolonne: 1 : 5</td>
<td></td>
<td></td>
<td></td>
<td></td>
</tr>
<tr>
<td>Stahlspundbohlen: abladen 0,124 t × 1,80 h</td>
<td>0,22</td>
<td></td>
<td></td>
<td></td>
</tr>
<tr>
<td>aufnehmen = 0,20 h
ausrichten = 0,10 h
rammen = 0,95 h</td>
<td>1,25</td>
<td></td>
<td></td>
<td></td>
</tr>
<tr>
<td>ziehen = 0,70 h</td>
<td>0,70</td>
<td></td>
<td></td>
<td></td>
</tr>
<tr>
<td>Grundsätzlich gilt:

$\dfrac{\text{Zeitaufwand } h}{\text{Tagesleistung } m^2} = h/m^2$

Mittellohn (DM × h):</td>
<td></td>
<td></td>
<td></td>
<td></td>
</tr>
<tr>
<td>Summe:</td>
<td>2,17</td>
<td></td>
<td></td>
<td></td>
</tr>
<tr>
<td rowspan="2">Materialkosten (Stoffkosten)</td>
<td rowspan="2">DM/t</td>
<td rowspan="2">DM/m²</td>
<td colspan="2">Eigene Werte</td>
</tr>
<tr>
<td>DM/t</td>
<td>DM/m²</td>
</tr>
<tr>
<td>Stahlspundbohlen, Arbed U-Profil PU 16
Stahlspundbohlen 0,124 t =
Wertminderung 20 % =
Verluste 5 % =</td>
<td></td>
<td></td>
<td></td>
<td></td>
</tr>
<tr>
<td>Summe:</td>
<td></td>
<td></td>
<td></td>
<td></td>
</tr>
</table>

<table>
<tr>
<td rowspan="2">Vorhaltekosten der Geräte</td>
<td rowspan="2">BGL 1991</td>
<td rowspan="2">DM/Monat</td>
<td rowspan="2">DM/m²</td>
<td colspan="2">Eigene Werte</td>
</tr>
<tr>
<td>DM/Monat</td>
<td>DM/m²</td>
</tr>
<tr>
<td>Vollhydraulische Rammbagger
Hydraulik-Hämmer</td>
<td>3427-3435
3439-3444</td>
<td></td>
<td></td>
<td></td>
<td></td>
</tr>
<tr>
<td>Kraftstation
(dieselhydraulisch/dieselelektrisch)</td>
<td></td>
<td></td>
<td></td>
<td></td>
<td></td>
</tr>
<tr>
<td colspan="3">$\dfrac{\text{Vorhaltekosten im Monat}}{170 \text{ h}}$ × 8 h = ———— = Tagesleistung</td>
<td></td>
<td>————</td>
<td>————</td>
</tr>
<tr>
<td colspan="3">Gesamtsumme:</td>
<td></td>
<td></td>
<td></td>
</tr>
</table>

2.1 Ramm- und Verbautechnik

<table>
<tr><td colspan="2">Stahlspundbohlen, Arbed U-Profile PU 16 (124 kg/m² Wand).
Die Zeitaufwandwerte enthalten:
Abladen, Aufnehmen, Ausrichten, Rammen und Ziehen.</td><td colspan="4">Rammtiefe: 5,00–10,00 m
Boden: DIN 18 300 Klasse 4
PU 16</td></tr>
<tr><td rowspan="2">Lohnkosten</td><td rowspan="2">h/m²</td><td rowspan="2">DM/m²</td><td colspan="2">Eigene Werte</td></tr>
<tr><td>h/m²</td><td>DM/m²</td></tr>
<tr><td colspan="2">Baugrubenverbaukolonne: 1 : 5

Stahlspundbohlen: abladen 0,124 t × 1,80 h

        aufnehmen = 0,20 h
        ausrichten = 0,10 h
        rammen   = 1,05 h

        ziehen   = 0,80 h

Grundsätzlich gilt:

$$\frac{\text{Zeitaufwand} \quad h}{\text{Tagesleistung} \quad m^2} = h/m^2$$

Mittellohn (DM × h):</td><td>0,22

1,35

0,80</td><td></td><td></td><td></td></tr>
<tr><td colspan="2">Summe:</td><td>2,37</td><td></td><td></td><td></td></tr>
<tr><td rowspan="2">Materialkosten (Stoffkosten)</td><td rowspan="2">DM/t</td><td rowspan="2">DM/m²</td><td colspan="2">Eigene Werte</td></tr>
<tr><td>DM/t</td><td>DM/m²</td></tr>
<tr><td colspan="2">Stahlspundbohlen, Arbed U-Profil PU 16
Stahlspundbohlen 0,124 t =
Wertminderung   22 % =
Verluste   8 % =</td><td></td><td></td><td></td><td></td></tr>
<tr><td colspan="2">Summe:</td><td></td><td></td><td></td><td></td></tr>
<tr><td>Vorhaltekosten der Geräte</td><td>BGL 1991</td><td>DM/Monat</td><td>DM/m²</td><td>DM/Monat</td><td>DM/m²</td></tr>
<tr><td colspan="2">Eigene Werte (header spans DM/Monat und DM/m²)</td><td></td><td></td><td></td><td></td></tr>
<tr><td>Vollhydraulische Rammbagger
Hydraulik-Hämmer

Kraftstation
(dieselhydraulisch/dieselelektrisch)</td><td>3427-3435
3439-3444</td><td></td><td></td><td></td><td></td></tr>
<tr><td colspan="2">$$\frac{\text{Vorhaltekosten im Monat}}{170 \text{ h}} \times 8\,h = \frac{}{\text{Tagesleistung}} =$$</td><td></td><td></td><td>———</td><td>———</td></tr>
<tr><td colspan="2">Gesamtsumme:</td><td></td><td></td><td></td><td></td></tr>
</table>

Stahlspundbohlen, Arbed U-Profile PU 16 (124 kg/m² Wand). Die Zeitaufwandwerte enthalten: Abladen, Aufnehmen, Ausrichten, Rammen und Ziehen.		Rammtiefe: 5,00–10,00 m Boden: DIN 18 300 Klasse 5 PU 16		

Lohnkosten	h/m²	DM/m²	**Eigene Werte** h/m²	DM/m²
Baugrubenverbaukolonne: 1 : 5				
Stahlspundbohlen: abladen 0,124 t × 1,80 h	0,22			
aufnehmen = 0,20 h				
ausrichten = 0,10 h				
rammen = 1,40 h	1,70			
ziehen = 1,05 h	1,05			
Grundsätzlich gilt:				
$\dfrac{\text{Zeitaufwand} \;\; h}{\text{Tagesleistung} \;\; m^2} = h/m^2$				
Mittellohn (DM × h):				
Summe:	2,97			

Materialkosten (Stoffkosten)	DM/t	DM/m²	**Eigene Werte** DM/t	DM/m²
Stahlspundbohlen, Arbed U-Profil PU				
Stahlspundbohlen 0,124 t =				
Wertminderung 25 % =				
Verluste 10 % =				
Summe:				

Vorhaltekosten der Geräte	BGL 1991	DM/Monat	DM/m²	**Eigene Werte** DM/Monat	DM/m²
Vollhydraulische Rammbagger	3427-3435				
Hydraulik-Hämmer	3439-3444				
Kraftstation (dieselhydraulisch/dieselelektrisch)					
$\dfrac{\text{Vorhaltekosten im Monat}}{170\ h} \times 8\ h = \underline{} = $ Tagesleistung				——	——
Gesamtsumme:					

2.1 Ramm- und Verbautechnik

<table>
<tr>
<td colspan="2">Stahlspundbohlen, Arbed U-Profile PU 20 (141 kg/m² Wand).
Die Zeitaufwandwerte enthalten:
Abladen, Aufnehmen, Ausrichten, Rammen und Ziehen.</td>
<td colspan="4">Rammtiefe: 1,00–5,00 m
Boden: DIN 18 300 Klasse 3
PU 20</td>
</tr>
<tr>
<td rowspan="2">Lohnkosten</td>
<td rowspan="2">h/m²</td>
<td rowspan="2">DM/m²</td>
<td colspan="2">Eigene Werte</td>
</tr>
<tr>
<td>h/m²</td>
<td>DM/m²</td>
</tr>
<tr>
<td>Baugrubenverbaukolonne: 1 : 5

Stahlspundbohlen: abladen 0,141 t × 1,80 h

             aufnehmen = 0,20 h
             ausrichten   = 0,10 h
             rammen   = 1,05 h

             ziehen   = 0,75 h

Grundsätzlich gilt:

$$\frac{\text{Zeitaufwand}\ \ \text{h}}{\text{Tagesleistung}\ \ \text{m}^2} = \text{h/m}^2$$

Mittellohn (DM × h):</td>
<td>0,25

1,35

0,75</td>
<td></td>
<td></td>
<td></td>
</tr>
<tr>
<td>Summe:</td>
<td>2,35</td>
<td></td>
<td></td>
<td></td>
</tr>
<tr>
<td rowspan="2">Materialkosten (Stoffkosten)</td>
<td rowspan="2">DM/t</td>
<td rowspan="2">DM/m²</td>
<td colspan="2">Eigene Werte</td>
</tr>
<tr>
<td>DM/t</td>
<td>DM/m²</td>
</tr>
<tr>
<td>Stahlspundbohlen, Arbed U-Profil PU 20
Stahlspundbohlen 0,141 t =
Wertminderung   20 % =
Verluste   5 % =</td>
<td></td>
<td></td>
<td></td>
<td></td>
</tr>
<tr>
<td>Summe:</td>
<td></td>
<td></td>
<td></td>
<td></td>
</tr>
<tr>
<td rowspan="2">Vorhaltekosten der Geräte</td>
<td rowspan="2">BGL 1991</td>
<td rowspan="2">DM/Monat</td>
<td rowspan="2">DM/m²</td>
<td colspan="2">Eigene Werte</td>
</tr>
<tr>
<td>DM/Monat</td>
<td>DM/m²</td>
</tr>
<tr>
<td>Vollhydraulische Rammbagger
Hydraulik-Hämmer

Kraftstation
(dieselhydraulisch/dieselelektrisch)</td>
<td>3427-3435
3439-3444</td>
<td></td>
<td></td>
<td></td>
<td></td>
</tr>
<tr>
<td>$$\frac{\text{Vorhaltekosten im Monat}}{170\ \text{h}} \times 8\ \text{h} = \underline{\hspace{3em}}_{\text{Tagesleistung}} =$$</td>
<td colspan="2"></td>
<td></td>
<td>——</td>
<td>——</td>
</tr>
<tr>
<td>Gesamtsumme:</td>
<td colspan="2"></td>
<td></td>
<td></td>
<td></td>
</tr>
</table>

Stahlspundbohlen, Arbed U-Profile PU 20 (141 kg/m² Wand). Die Zeitaufwandwerte enthalten: Abladen, Aufnehmen, Ausrichten, Rammen und Ziehen.			Rammtiefe: 1,00–5,00 m Boden: DIN 18 300 Klasse 4 PU 20	

Lohnkosten	h/m²	DM/m²	**Eigene Werte** h/m²	DM/m²
Baugrubenverbaukolonne: 1 : 5				
Stahlspundbohlen: abladen 0,141 t × 1,80 h	0,25			
aufnehmen = 0,20 h				
ausrichten = 0,10 h				
rammen = 1,10 h	1,40			
ziehen = 0,75 h	0,75			
Grundsätzlich gilt:				
$\dfrac{\text{Zeitaufwand}\ \ h}{\text{Tagesleistung}\ m^2} = h/m^2$				
Mittellohn (DM × h):				
Summe:	2,40			

Materialkosten (Stoffkosten)	DM/t	DM/m²	**Eigene Werte** DM/t	DM/m²
Stahlspundbohlen, Arbed U-Profil PU 20				
Stahlspundbohlen 0,141 t =				
Wertminderung 20 % =				
Verluste 5 % =				
Summe:				

Vorhaltekosten der Geräte	BGL 1991	DM/Monat	DM/m²	**Eigene Werte** DM/Monat	DM/m²
Vollhydraulische Rammbagger	3427-3435				
Hydraulik-Hämmer	3439-3444				
Kraftstation (dieselhydraulisch/dieselelektrisch)					
$\dfrac{\text{Vorhaltekosten im Monat}}{170\ h} \times 8\ h = \underline{\quad\quad} = $ Tagesleistung				——	——
Gesamtsumme:					

2.1 Ramm- und Verbautechnik

Stahlspundbohlen, Arbed U-Profile PU 20 (141 kg/m² Wand). Die Zeitaufwandwerte enthalten: Abladen, Aufnehmen, Ausrichten, Rammen und Ziehen.			Rammtiefe: 1,00–5,00 m Boden: DIN 18 300 Klasse 5 PU 20	
			Eigene Werte	
Lohnkosten	h/m²	DM/m²	h/m²	DM/m²
Baugrubenverbaukolonne: 1 : 5				
Stahlspundbohlen: abladen 0,141 t × 1,80 h	0,25			
aufnehmen = 0,20 h				
ausrichten = 0,10 h				
rammen = 1,35 h	1,65			
ziehen = 1,00 h	1,00			
Grundsätzlich gilt:				
$\dfrac{\text{Zeitaufwand } h}{\text{Tagesleistung } m^2} = h/m^2$				
Mittellohn (DM × h):				
Summe:	2,90			
			Eigene Werte	
Materialkosten (Stoffkosten)	DM/t	DM/m²	DM/t	DM/m²
Stahlspundbohlen, Arbed U-Profil PU 20 Stahlspundbohlen 0,141 t = Wertminderung 20 % = Verluste 5 % =				
Summe:				

				Eigene Werte	
Vorhaltekosten der Geräte	BGL 1991	DM/Monat	DM/m²	DM/Monat	DM/m²
Vollhydraulische Rammbagger Hydraulik-Hämmer	3427-3435 3439-3444				
Kraftstation (dieselhydraulisch/dieselelektrisch)					
$\dfrac{\text{Vorhaltekosten im Monat}}{170 \text{ h}} \times 8\,h = \underline{\qquad} =$ Tagesleistung				——	——
Gesamtsumme:					

Stahlspundbohlen, Arbed U-Profile PU 20 (141 kg/m² Wand).
Die Zeitaufwandwerte enthalten:
Abladen, Aufnehmen, Ausrichten, Rammen und Ziehen.

Rammtiefe: 5,00–10,00 m
Boden: DIN 18 300 Klasse 3
PU 20

Lohnkosten	h/m²	DM/m²	Eigene Werte h/m²	DM/m²
Baugrubenverbaukolonne: 1 : 5				
Stahlspundbohlen: abladen 0,141 t × 1,80 h	0,25			
aufnehmen = 0,20 h				
ausrichten = 0,10 h				
rammen = 1,15 h	1,45			
ziehen = 0,80 h	0,80			
Grundsätzlich gilt:				
$\dfrac{\text{Zeitaufwand h}}{\text{Tagesleistung m}^2} = \text{h/m}^2$				
Mittellohn (DM × h):				
Summe:	2,50			

Materialkosten (Stoffkosten)	DM/t	DM/m²	Eigene Werte DM/t	DM/m²
Stahlspundbohlen, Arbed U-Profil PU 20				
Stahlspundbohlen 0,141 t =				
Wertminderung 20 % =				
Verluste 5 % =				
Summe:				

Vorhaltekosten der Geräte	BGL 1991	DM/Monat	DM/m²	Eigene Werte DM/Monat	DM/m²
Vollhydraulische Rammbagger	3427-3435				
Hydraulik-Hämmer	3439-3444				
Kraftstation (dieselhydraulisch/dieselelektrisch)					
$\dfrac{\text{Vorhaltekosten im Monat}}{170 \text{ h}} \times 8\,\text{h} = \underline{\qquad}$ Tagesleistung $= \underline{\qquad}$				___	___
Gesamtsumme:					

2.1 Ramm- und Verbautechnik

| **Stahlspundbohlen, Arbed U-Profile PU 20** (141 kg/m² Wand).
Die Zeitaufwandwerte enthalten:
Abladen, Aufnehmen, Ausrichten, Rammen und Ziehen. | | | Rammtiefe: 5,00–10,00 m
Boden: DIN 18 300 Klasse 4
PU 20 | |

| **Lohnkosten** | h/m² | DM/m² | Eigene Werte | |
			h/m²	DM/m²
Baugrubenverbaukolonne: 1 : 5				
Stahlspundbohlen: abladen 0,141 t × 1,80 h	0,25			
aufnehmen = 0,20 h				
ausrichten = 0,10 h				
rammen = 1,25 h	1,55			
ziehen = 0,85 h	0,85			
Grundsätzlich gilt:				
$\dfrac{\text{Zeitaufwand } h}{\text{Tagesleistung } m^2} = h/m^2$				
Mittellohn (DM × h):				
Summe:	2,65			

| **Materialkosten** (Stoffkosten) | DM/t | DM/m² | Eigene Werte | |
			DM/t	DM/m²
Stahlspundbohlen, Arbed U-Profil PU 20				
Stahlspundbohlen 0,141 t =				
Wertminderung 22 % =				
Verluste 8 % =				
Summe:				

| **Vorhaltekosten der Geräte** | BGL 1991 | DM/Monat | DM/m² | Eigene Werte | |
				DM/Monat	DM/m²
Vollhydraulische Rammbagger	3427-3435				
Hydraulik-Hämmer	3439-3444				
Kraftstation (dieselhydraulisch/dieselelektrisch)					
$\dfrac{\text{Vorhaltekosten im Monat}}{170 \text{ h}} \times 8 \text{ h} = \underline{} = \atop \text{Tagesleistung}$				——	——
Gesamtsumme:					

Stahlspundbohlen, Arbed U-Profile PU 20 (141 kg/m² Wand). Die Zeitaufwandwerte enthalten: Abladen, Aufnehmen, Ausrichten, Rammen und Ziehen.	Rammtiefe: 5,00–10,00 m Boden: DIN 18 300 Klasse 5 PU 20

Lohnkosten	h/m²	DM/m²	Eigene Werte h/m²	Eigene Werte DM/m²
Baugrubenverbaukolonne: 1 : 5				
Stahlspundbohlen: abladen 0,141 t × 1,80 h	0,25			
aufnehmen = 0,20 h				
ausrichten = 0,10 h				
rammen = 1,45 h	1,75			
ziehen = 1,10 h	1,10			
Grundsätzlich gilt:				
$\dfrac{\text{Zeitaufwand}\ \ \text{h}}{\text{Tagesleistung}\ \ \text{m}^2} = \text{h/m}^2$				
Mittellohn (DM × h):				
Summe:	3,10			

Materialkosten (Stoffkosten)	DM/t	DM/m²	Eigene Werte DM/t	Eigene Werte DM/m²
Stahlspundbohlen, Arbed U-Profil PU 20				
Stahlspundbohlen 0,141 t =				
Wertminderung 25 % =				
Verluste 10 % =				
Summe:				

Vorhaltekosten der Geräte	BGL 1991	DM/Monat	DM/m²	Eigene Werte DM/Monat	Eigene Werte DM/m²
Vollhydraulische Rammbagger	3427-3435				
Hydraulik-Hämmer	3439-3444				
Kraftstation (dieselhydraulisch/dieselelektrisch)					
$\dfrac{\text{Vorhaltekosten im Monat}}{170\ \text{h}} \times 8\ \text{h} = \dfrac{\quad\quad}{\text{Tagesleistung}} =$					
Gesamtsumme:					

2.1 Ramm- und Verbautechnik

<table>
<tr>
<td colspan="2">Stahlspundbohlen, Arbed U-Profile PU 25 (157 kg/m² Wand).
Die Zeitaufwandwerte enthalten:
Abladen, Aufnehmen, Ausrichten, Rammen und Ziehen.</td>
<td colspan="4">Rammtiefe: 1,00–5,00 m
Boden: DIN 18 300 Klasse 3
PU 25</td>
</tr>
<tr>
<td rowspan="2">Lohnkosten</td>
<td rowspan="2">h/m²</td>
<td rowspan="2">DM/m²</td>
<td colspan="2">Eigene Werte</td>
</tr>
<tr>
<td>h/m²</td>
<td>DM/m²</td>
</tr>
<tr>
<td colspan="5">Baugrubenverbaukolonne: 1 : 5

Stahlspundbohlen: abladen 0,157 t × 1,80 h</td>
<td></td>
</tr>
</table>

Baugrubenverbaukolonne: 1 : 5

	h/m²	DM/m²	h/m²	DM/m²
Stahlspundbohlen: abladen 0,157 t × 1,80 h	0,28			
aufnehmen = 0,20 h				
ausrichten = 0,10 h				
rammen = 1,10 h	1,40			
ziehen = 0,80 h	0,80			

Grundsätzlich gilt:

$$\frac{\text{Zeitaufwand} \quad h}{\text{Tagesleistung} \quad m^2} = h/m^2$$

Mittellohn (DM × h):

	h/m²	DM/m²	h/m²	DM/m²
Summe:	2,48			

Materialkosten (Stoffkosten)	DM/t	DM/m²	DM/t	DM/m²
			Eigene Werte	
Stahlspundbohlen, Arbed U-Profil PU 25				
Stahlspundbohlen 0,157 t =				
Wertminderung 20 % =				
Verluste 5 % =				
Summe:				

Vorhaltekosten der Geräte	BGL 1991	DM/Monat	DM/m²	DM/Monat	DM/m²
				Eigene Werte	
Vollhydraulische Rammbagger	3427-3435				
Hydraulik-Hämmer	3439-3444				
Kraftstation (dieselhydraulisch/dieselelektrisch)					

$$\frac{\text{Vorhaltekosten im Monat}}{170 \text{ h}} \times 8 \text{ h} = \frac{}{\text{Tagesleistung}} =$$

Gesamtsumme:				

Stahlspundbohlen, Arbed U-Profile PU 25 (157 kg/m² Wand).
Die Zeitaufwandwerte enthalten:
Abladen, Aufnehmen, Ausrichten, Rammen und Ziehen.

Rammtiefe: 1,00–5,00 m
Boden: DIN 18 300 Klasse 4
PU 25

Lohnkosten	h/m²	DM/m²	Eigene Werte h/m²	DM/m²
Baugrubenverbaukolonne: 1 : 5				
Stahlspundbohlen: abladen 0,157 t × 1,80 h	0,28			
aufnehmen = 0,20 h				
ausrichten = 0,10 h				
rammen = 1,15 h	1,45			
ziehen = 0,80 h	0,80			
Grundsätzlich gilt:				
$\dfrac{\text{Zeitaufwand } h}{\text{Tagesleistung } m^2} = h/m^2$				
Mittellohn (DM × h):				
Summe:	2,53			

Materialkosten (Stoffkosten)	DM/t	DM/m²	Eigene Werte DM/t	DM/m²
Stahlspundbohlen, Arbed U-Profil PU 25				
Stahlspundbohlen 0,157 t =				
Wertminderung 20 % =				
Verluste 5 % =				
Summe:				

Vorhaltekosten der Geräte	BGL 1991	DM/Monat	DM/m²	Eigene Werte DM/Monat	DM/m²
Vollhydraulische Rammbagger	3427-3435				
Hydraulik-Hämmer	3439-3444				
Kraftstation (dieselhydraulisch/dieselelektrisch)					
$\dfrac{\text{Vorhaltekosten im Monat}}{170 \text{ h}} \times 8 \text{ h} = \underline{\qquad} = $ Tagesleistung				——	——
Gesamtsumme:					

2.1 Ramm- und Verbautechnik

<table>
<tr><td colspan="2">Stahlspundbohlen, Arbed U-Profil PU 25 (157 kg/m² Wand).
Die Zeitaufwandwerte enthalten:
Abladen, Aufnehmen, Ausrichten, Rammen und Ziehen.</td><td colspan="4">Rammtiefe: 1,00–5,00 m
Boden: DIN 18 300 Klasse 5
PU 25</td></tr>
<tr><td rowspan="2">Lohnkosten</td><td rowspan="2">h/m²</td><td rowspan="2">DM/m²</td><td colspan="2">Eigene Werte</td></tr>
<tr><td>h/m²</td><td>DM/m²</td></tr>
<tr><td>Baugrubenverbaukolonne: 1 : 5

Stahlspundbohlen: abladen 0,157 t × 1,80 h

        aufnehmen = 0,20 h
        ausrichten = 0,10 h
        rammen   = 1,50 h

        ziehen   = 1,10 h

Grundsätzlich gilt:

$$\frac{\text{Zeitaufwand}\ \ \text{h}}{\text{Tagesleistung}\ \ \text{m}^2} = \text{h/m}^2$$

Mittellohn (DM × h):</td><td>0,28

1,80

1,10</td><td></td><td></td><td></td></tr>
<tr><td>Summe:</td><td>3,18</td><td></td><td></td><td></td></tr>
<tr><td rowspan="2">Materialkosten (Stoffkosten)</td><td rowspan="2">DM/t</td><td rowspan="2">DM/m²</td><td colspan="2">Eigene Werte</td></tr>
<tr><td>DM/t</td><td>DM/m²</td></tr>
<tr><td>Stahlspundbohlen, Arbed U-Profil PU 25
Stahlspundbohlen 0,157 t =
Wertminderung   20 % =
Verluste   5 % =</td><td></td><td></td><td></td><td></td></tr>
<tr><td>Summe:</td><td></td><td></td><td></td><td></td></tr>
<tr><td rowspan="2">Vorhaltekosten der Geräte</td><td rowspan="2">BGL 1991</td><td rowspan="2">DM/Monat</td><td rowspan="2">DM/m²</td><td colspan="2">Eigene Werte</td></tr>
<tr><td>DM/Monat</td><td>DM/m²</td></tr>
<tr><td>Vollhydraulische Rammbagger
Hydraulik-Hämmer

Kraftstation
(dieselhydraulisch/dieselelektrisch)</td><td>3427-3435
3439-3444</td><td></td><td></td><td></td><td></td></tr>
<tr><td>$$\frac{\text{Vorhaltekosten im Monat}}{170\ \text{h}} \times 8\ \text{h} = \frac{}{\text{Tagesleistung}} =$$</td><td></td><td>————</td><td></td><td>————</td><td></td></tr>
<tr><td>Gesamtsumme:</td><td></td><td></td><td></td><td></td><td></td></tr>
</table>

Stahlspundbohlen, Arbed U-Profil PU 25 (157 kg/m² Wand). Die Zeitaufwandwerte enthalten: Abladen, Aufnehmen, Ausrichten, Rammen und Ziehen.		Rammtiefe: 5,00–10,00 m Boden: DIN 18 300 Klasse 3 PU 25	

Lohnkosten	h/m²	DM/m²	**Eigene Werte** h/m²	DM/m²
Baugrubenverbaukolonne: 1 : 5				
Stahlspundbohlen: abladen 0,157 t × 1,80 h	0,28			
aufnehmen = 0,20 h				
ausrichten = 0,10 h				
rammen = 1,25 h	1,55			
ziehen = 0,85 h	0,85			
Grundsätzlich gilt:				
$\dfrac{\text{Zeitaufwand}\ \ h}{\text{Tagesleistung}\ m^2} = h/m^2$				
Mittellohn (DM × h):				
Summe:	2,68			

Materialkosten (Stoffkosten)	DM/t	DM/m²	**Eigene Werte** DM/t	DM/m²
Stahlspundbohlen, Arbed U-Profil PU 25 Stahlspundbohlen 0,157 t = Wertminderung 20 % = Verluste 5 % =				
Summe:				

Vorhaltekosten der Geräte	BGL 1991	DM/Monat	DM/m²	**Eigene Werte** DM/Monat	DM/m²
Vollhydraulische Rammbagger Hydraulik-Hämmer	3427-3435 3439-3444				
Kraftstation (dieselhydraulisch/dieselelektrisch)					
$\dfrac{\text{Vorhaltekosten im Monat}}{170\ h} \times 8\ h = \underline{\qquad} =$ Tagesleistung					
Gesamtsumme:					

2.1 Ramm- und Verbautechnik

Stahlspundbohlen, Arbed U-Profil PU 25 (157 kg/m^2 Wand). Die Zeitaufwandwerte enthalten: Abladen, Aufnehmen, Ausrichten, Rammen und Ziehen.			Rammtiefe: 5,00–10,00 m Boden: DIN 18 300 Klasse 4 PU 25	
Lohnkosten	h/m^2	DM/m^2	**Eigene Werte**	
			h/m^2	DM/m^2
Baugrubenverbaukolonne: 1 : 5				
Stahlspundbohlen: abladen 0,157 t × 1,80 h	0,28			
aufnehmen = 0,20 h ausrichten = 0,10 h rammen = 1,30 h	1,60			
ziehen = 0,90 h	0,90			
Grundsätzlich gilt:				
$\dfrac{\text{Zeitaufwand}\ \ h}{\text{Tagesleistung}\ m^2} = h/m^2$				
Mittellohn (DM × h):				
Summe:	2,78			
Materialkosten (Stoffkosten)	DM/t	DM/m^2	**Eigene Werte**	
			DM/t	DM/m^2
Stahlspundbohlen, Arbed U-Profil PU 25 Stahlspundbohlen 0,157 t = Wertminderung 22 % = Verluste 8 % =				
Summe:				

Vorhaltekosten der Geräte	BGL 1991	DM/Monat	DM/m^2	**Eigene Werte**	
				DM/Monat	DM/m^2
Vollhydraulische Rammbagger Hydraulik-Hämmer	3427-3435 3439-3444				
Kraftstation (dieselhydraulisch/dieselelektrisch)					
$\dfrac{\text{Vorhaltekosten im Monat}}{170\ h}$ × 8 h = _____ =				____	____
(Tagesleistung)					
Gesamtsumme:					

<table>
<tr><td colspan="2">Stahlspundbohlen, Arbed U-Profil PU 25 (157 kg/m^2 Wand).
Die Zeitaufwandwerte enthalten:
Abladen, Aufnehmen, Ausrichten, Rammen und Ziehen.</td><td colspan="2">Rammtiefe: 5,00–10,00 m
Boden: DIN 18 300 Klasse 5
PU 25</td></tr>
</table>

Lohnkosten	h/m^2	DM/m^2	**Eigene Werte** h/m^2	DM/m^2
Baugrubenverbaukolonne: 1 : 5				
Stahlspundbohlen: abladen 0,157 t × 1,80 h	0,28			
aufnehmen = 0,20 h				
ausrichten = 0,10 h				
rammen = 1,60 h	1,90			
ziehen = 1,20 h	1,20			
Grundsätzlich gilt:				
$\dfrac{\text{Zeitaufwand h}}{\text{Tagesleistung m}^2} = \text{h/m}^2$				
Mittellohn (DM × h):				
Summe:	3,38			

Materialkosten (Stoffkosten)	DM/t	DM/m^2	**Eigene Werte** DM/t	DM/m^2
Stahlspundbohlen, Arbed U-Profil PU 25				
Stahlspundbohlen 0,157 t =				
Wertminderung 25 % =				
Verluste 10 % =				
Summe:				

Vorhaltekosten der Geräte	BGL 1991	DM/Monat	DM/m^2	**Eigene Werte** DM/Monat	DM/m^2
Vollhydraulische Rammbagger	3427-3435				
Hydraulik-Hämmer	3439-3444				
Kraftstation (dieselhydraulisch/dieselelektrisch)					
$\dfrac{\text{Vorhaltekosten im Monat}}{170\ \text{h}} \times 8\ \text{h} = \underline{\qquad} = $ Tagesleistung				——	——
Gesamtsumme:					

2.1 Ramm- und Verbautechnik

<table>
<tr><td colspan="2">Stahlspundbohlen, Arbed U-Profil PU 32 (191 kg/m² Wand).
Die Zeitaufwandwerte enthalten:
Abladen, Aufnehmen, Ausrichten, Rammen und Ziehen.</td><td colspan="2">Rammtiefe: 1,00–5,00 m
Boden: DIN 18 300 Klasse 3
PU 32</td></tr>
</table>

Lohnkosten	h/m²	DM/m²	Eigene Werte h/m²	DM/m²
Baugrubenverbaukolonne: 1 : 5				
Stahlspundbohlen: abladen 0,191 t × 1,80 h	0,34			
aufnehmen = 0,20 h				
ausrichten = 0,10 h				
rammen = 1,15 h	1,45			
ziehen = 0,85 h	0,85			
Grundsätzlich gilt:				
$\dfrac{\text{Zeitaufwand}\ \ h}{\text{Tagesleistung}\ m^2} = h/m^2$				
Mittellohn (DM × h):				
Summe:	2,64			

Materialkosten (Stoffkosten)	DM/t	DM/m²	Eigene Werte DM/t	DM/m²
Stahlspundbohlen, Arbed U-Profil PU 32				
Stahlspundbohlen 0,191 t =				
Wertminderung 20 % =				
Verluste 5 % =				
Summe:				

Vorhaltekosten der Geräte	BGL 1991	DM/Monat	DM/m²	Eigene Werte DM/Monat	DM/m²
Vollhydraulische Rammbagger	3427–3435				
Hydraulik-Hämmer	3439–3444				
Kraftstation (dieselhydraulisch/dieselelektrisch)					
$\dfrac{\text{Vorhaltekosten im Monat}}{170\ h} \times 8\ h = \underline{\hspace{2cm}} = \text{Tagesleistung}$				____	____
Gesamtsumme:					

Stahlspundbohlen, Arbed U-Profil PU 32 (191 kg/m² Wand). Die Zeitaufwandwerte enthalten: Abladen, Aufnehmen, Ausrichten, Rammen und Ziehen.			Rammtiefe: 1,00–5,00 m Boden: DIN 18 300 Klasse 4 PU 32	
			Eigene Werte	
Lohnkosten	h/m²	DM/m²	h/m²	DM/m²
Baugrubenverbaukolonne: 1 : 5				
Stahlspundbohlen: abladen 0,191 t × 1,80 h	0,34			
aufnehmen = 0,20 h ausrichten = 0,10 h rammen = 1,25 h	1,55			
ziehen = 0,85 h	0,85			
Grundsätzlich gilt:				
$\dfrac{\text{Zeitaufwand}\ \ \text{h}}{\text{Tagesleistung}\ \text{m}^2} = \text{h/m}^2$				
Mittellohn (DM × h):				
Summe:	2,74			
			Eigene Werte	
Materialkosten (Stoffkosten)	DM/t	DM/m²	DM/t	DM/m²
Stahlspundbohlen, Arbed U-Profil PU 32 Stahlspundbohlen 0,191 t = Wertminderung 20 % = Verluste 5 % =				
Summe:				

	BGL 1991	DM/Monat	DM/m²	DM/Monat	DM/m²
				Eigene Werte	
Vorhaltekosten der Geräte	BGL 1991	DM/Monat	DM/m²	DM/Monat	DM/m²
Vollhydraulische Rammbagger Hydraulik-Hämmer	3427-3435 3439-3444				
Kraftstation (dieselhydraulisch/dieselelektrisch)					
$\dfrac{\text{Vorhaltekosten im Monat}}{170\ \text{h}} \times 8\ \text{h} = \underline{\qquad} = \underset{\text{Tagesleistung}}{\underline{\qquad}}$				——	——
Gesamtsumme:					

2.1 Ramm- und Verbautechnik

Stahlspundbohlen, Arbed U-Profil PU 32 (191 kg/m^2 Wand). Die Zeitaufwandwerte enthalten: Abladen, Aufnehmen, Ausrichten, Rammen und Ziehen.			Rammtiefe: 1,00–5,00 m Boden: DIN 18 300 Klasse 5 PU 32	
			Eigene Werte	
Lohnkosten	h/m^2	DM/m^2	h/m^2	DM/m^2
Baugrubenverbaukolonne: 1 : 5				
Stahlspundbohlen: abladen 0,191 t × 1,80 h	0,34			
aufnehmen = 0,20 h ausrichten = 0,10 h rammen = 1,60 h	1,90			
ziehen = 1,20 h	1,20			
Grundsätzlich gilt: $\dfrac{\text{Zeitaufwand h}}{\text{Tagesleistung m}^2} = \text{h/m}^2$				
Mittellohn (DM × h):				
Summe:	3,44			
			Eigene Werte	
Materialkosten (Stoffkosten)	DM/t	DM/m^2	DM/t	DM/m^2
Stahlspundbohlen, Arbed U-Profil PU 32 Stahlspundbohlen 0,191 t = Wertminderung 20 % = Verluste 5 % =				
Summe:				

	BGL 1991	DM/Monat	DM/m^2	DM/Monat	DM/m^2
				Eigene Werte	
Vorhaltekosten der Geräte	BGL 1991	DM/Monat	DM/m^2	DM/Monat	DM/m^2
Vollhydraulische Rammbagger Hydraulik-Hämmer	3427-3435 3439-3444				
Kraftstation (dieselhydraulisch/dieselelektrisch)					
$\dfrac{\text{Vorhaltekosten im Monat}}{170 \text{ h}} \times 8\,\text{h} = \underline{\hspace{2cm}} = $ Tagesleistung				——	——
Gesamtsumme:					

| **Stahlspundbohlen, Arbed U-Profil PU 32** (191 kg/m² Wand).
Die Zeitaufwandwerte enthalten:
Abladen, Aufnehmen, Ausrichten, Rammen und Ziehen. | | Rammtiefe: 5,00–10,00 m
Boden: DIN 18 300 Klasse 3
PU 32 | |

Lohnkosten	h/m²	DM/m²	Eigene Werte h/m²	Eigene Werte DM/m²
Baugrubenverbaukolonne: 1 : 5				
Stahlspundbohlen: abladen 0,191 t × 1,80 h	0,34			
aufnehmen = 0,20 h				
ausrichten = 0,10 h				
rammen = 1,25 h	1,55			
ziehen = 0,90 h	0,90			
Grundsätzlich gilt:				
$\dfrac{\text{Zeitaufwand h}}{\text{Tagesleistung m}^2} = \text{h/m}^2$				
Mittellohn (DM × h):				
Summe:	2,79			

Materialkosten (Stoffkosten)	DM/t	DM/m²	Eigene Werte DM/t	Eigene Werte DM/m²
Stahlspundbohlen, Arbed U-Profil PU 32				
Stahlspundbohlen 0,191 t =				
Wertminderung 20 % =				
Verluste 5 % =				
Summe:				

Vorhaltekosten der Geräte	BGL 1991	DM/Monat	DM/m²	Eigene Werte DM/Monat	Eigene Werte DM/m²
Vollhydraulische Rammbagger	3427-3435				
Hydraulik-Hämmer	3439-3444				
Kraftstation (dieselhydraulisch/dieselelektrisch)					
$\dfrac{\text{Vorhaltekosten im Monat}}{170\ \text{h}} \times 8\ \text{h} = \dfrac{}{\text{Tagesleistung}} =$				____	____
Gesamtsumme:					

2.1 Ramm- und Verbautechnik

Stahlspundbohlen, Arbed U-Profil PU 32 (191 kg/m² Wand). Die Zeitaufwandwerte enthalten: Abladen, Aufnehmen, Ausrichten, Rammen und Ziehen.		Rammtiefe: 5,00–10,00 m Boden: DIN 18 300 Klasse 4 PU 32	

Lohnkosten	h/m²	DM/m²	Eigene Werte h/m²	DM/m²
Baugrubenverbaukolonne: 1 : 5				
Stahlspundbohlen: abladen 0,191 t × 1,80 h	0,34			
aufnehmen = 0,20 h				
ausrichten = 0,10 h				
rammen = 1,40 h	1,70			
ziehen = 1,00 h	1,00			
Grundsätzlich gilt:				
$\dfrac{\text{Zeitaufwand } h}{\text{Tagesleistung } m^2} = h/m^2$				
Mittellohn (DM × h):				
Summe:	3,04			

Materialkosten (Stoffkosten)	DM/t	DM/m²	Eigene Werte DM/t	DM/m²
Stahlspundbohlen, Arbed U-Profil PU 32				
Stahlspundbohlen 0,191 t =				
Wertminderung 22 % =				
Verluste 8 % =				
Summe:				

Vorhaltekosten der Geräte	BGL 1991	DM/Monat	DM/m²	Eigene Werte DM/Monat	DM/m²
Vollhydraulische Rammbagger	3427-3435				
Hydraulik-Hämmer	3439-3444				
Kraftstation (dieselhydraulisch/dieselelektrisch)					
$\dfrac{\text{Vorhaltekosten im Monat}}{170 \text{ h}} \times 8\,h = \underline{\hspace{2cm}} = $ Tagesleistung					
Gesamtsumme:					

| **Stahlspundbohlen, Arbed U-Profil PU 32** (191 kg/m² Wand). Die Zeitaufwandwerte enthalten: Abladen, Aufnehmen, Ausrichten, Rammen und Ziehen. | | | Rammtiefe: 5,00–10,00 m Boden: DIN 18 300 Klasse 5 PU 32 | |

| **Lohnkosten** | h/m² | DM/m² | Eigene Werte | |
			h/m²	DM/m²
Baugrubenverbaukolonne: 1 : 5				
Stahlspundbohlen: abladen 0,191 t × 1,80 h	0,34			
aufnehmen = 0,20 h				
ausrichten = 0,10 h				
rammen = 1,65 h	1,95			
ziehen = 1,30 h	1,30			
Grundsätzlich gilt:				
$\dfrac{\text{Zeitaufwand} \quad h}{\text{Tagesleistung} \ m^2} = h/m^2$				
Mittellohn (DM × h):				
Summe:	3,59			

| **Materialkosten** (Stoffkosten) | DM/t | DM/m² | Eigene Werte | |
			DM/t	DM/m²
Stahlspundbohlen, Arbed U-Profil PU 32				
Stahlspundbohlen 0,191 t =				
Wertminderung 25 % =				
Verluste 10 % =				
Summe:				

| **Vorhaltekosten der Geräte** | BGL 1991 | DM/Monat | DM/m² | Eigene Werte | |
				DM/Monat	DM/m²
Vollhydraulische Rammbagger	3427-3435				
Hydraulik-Hämmer	3439-3444				
Kraftstation (dieselhydraulisch/dieselelektrisch)					
$\dfrac{\text{Vorhaltekosten im Monat}}{170 \ h} \times 8 \ h = \underline{} = \text{Tagesleistung}$				———	———
Gesamtsumme:					

2.1 Ramm- und Verbautechnik

Injektionsanker TITAN, Rohranker als Verpreßanker, -pfahl und Bodennagel einsetzbar. Verankerungslänge: m freie Ankerlänge: m = m	Ankerabstand:		

			Eigene Werte	
Lohnkosten	h/m	DM/m	h/m	DM/m
Baugrubenverbaukolonne: Verpreßanlage aufbauen Erdarbeiten Bohren mittels Bohrhammer Einbringen des Ankers Verpressen des Ankers Baustellentransporte h/Stck. ∕ m = Prüfen des Ankers = Mittellohn (DM × h/m):				
Summe:				

			Eigene Werte	
Materialkosten (Stoffkosten)	DM/Stck	DM/m	DM/Stck	DM/m
Injektionsanker L =				
Injektionsanker L =				
Rammspitzen =				
Kupplungsmuttern =				
Unterlegplatten =				
Kugelbundmuttern				
Abstandhalter =				
Keilscheiben =				
Zement/Sack =				
Summe:				

				Eigene Werte	
Vorhaltekosten der Geräte	BGL 1991	DM/Monat	DM/m	DM/Monat	DM/m
Hydraulikbagger	3150-0050				
Kompressor	6120-0050				
Lafette/Rohrhammer					
Verpreß-Station					
Hohlkolbenpresse					

$$\frac{\text{Vorhaltekosten im Monat}}{170\ h} \times 8\ h = \frac{\qquad}{\text{Tagesleistung}} =$$

Gesamtsumme:			

<table>
<tr><td colspan="2">Injektionsanker TITAN, Rohranker als Verpreßanker, -pfahl und Bodennagel einsetzbar.
Verankerungslänge: 3,0 + 3,0 m
freie Ankerlänge: 3,0 + 2,0 m = 11,00 m</td><td colspan="4">Ankerabstand: 3,00 m</td></tr>
<tr><td rowspan="2">Lohnkosten</td><td rowspan="2">h/m</td><td rowspan="2">DM/m</td><td colspan="2">Eigene Werte</td></tr>
<tr><td>h/m</td><td>DM/m</td></tr>
<tr><td>Baugrubenverbaukolonne: 1:5

Es werden 18 Anker TITAN 30/11 eingebaut

Verpreßanlage aufbauen =
Erdarbeiten =
Bohren mittels Bohrhammer =
Einbringen des Ankers =
Verpressen des Ankers =
Baustellentransporte =

10,45 h/Stck. ∶ 11,00 m =
Prüfen der Anker/m =
Mittellohn (DM × h/m):</td><td>

0,95
0,20</td><td></td><td></td><td></td></tr>
<tr><td>Summe:</td><td>1,15</td><td></td><td></td><td></td></tr>
<tr><td rowspan="2">Materialkosten (Stoffkosten)</td><td rowspan="2">DM/Stck</td><td rowspan="2">DM/m</td><td colspan="2">Eigene Werte</td></tr>
<tr><td>DM/Stck</td><td>DM/m</td></tr>
<tr><td>Injektionsanker L = 3,00 m   3 × 18 = 54
Injektionsanker L = 2,00 m   1 × 18 = 18
Rammspitzen   1 × 18 = 18
Kupplungsmuttern   3 × 18 = 54
Unterlegplatten 200/200/35   1 × 18 = 18
Kugelbundmuttern   1 × 18 = 18
Abstandhalter   3 × 18 = 54
Keilscheiben 2 Stck./Anker   2 × 18 = 36
Zement 4 Sack/Anker   4 × 18 = 76</td><td></td><td></td><td></td><td></td></tr>
<tr><td>Summe:</td><td></td><td></td><td></td><td></td></tr>
<tr><td rowspan="2">Vorhaltekosten der Geräte</td><td rowspan="2">BGL 1991</td><td rowspan="2">DM/Monat</td><td rowspan="2">DM/m</td><td colspan="2">Eigene Werte</td></tr>
<tr><td>DM/Monat</td><td>DM/m</td></tr>
<tr><td>Hydraulikbagger
Kompressor
Lafette/Rohrhammer
Verpreß-Station
Hohlkolbenpresse</td><td>3150-0050
6120-0050</td><td></td><td></td><td></td><td></td></tr>
<tr><td>$\dfrac{\text{Vorhaltekosten im Monat}}{170\ \text{h}} \times 8\ \text{h} = \dfrac{}{\text{Tagesleistung}} =$</td><td></td><td></td><td></td><td></td><td></td></tr>
<tr><td>Gesamtsumme:</td><td></td><td></td><td></td><td></td><td></td></tr>
</table>

2.1 Ramm- und Verbautechnik

Stahlspundbohlen oder Kanaldielen mit einer Stahlgurtung U – 200 = 25,3 kg/m aussteifen.			Gurtprofil U – 200	

Lohnkosten	h/m²	DM/m²	**Eigene Werte** h/m²	DM/m²
Baugrubenverbaukolonne: 1 : 5				
Gurtprofil U – 200 abladen 0,0253 t/m × 1,80 h × 3	0,14			
Gurtbefestigung/Winkeleisen aufreißen = anheften = anschweißen =	1,00			
Holzsteifen einziehen =	0,60			
Mittellohn (DM × h/m):				
Summe:	174:3 = 0,58			

Materialkosten (Stoffkosten)	DM/t	DM/m²	**Eigene Werte** DM/t	DM/m²
Stahlgurtung, Profil U – 200				
Summe:				

Vorhaltekosten der Geräte	BGL 1991	DM/Monat	DM/m²	**Eigene Werte** DM/Monat	DM/m²
Hydraulikbagger 50 kW Schweißgeräte	3150-0050 9150-0400				
Stahlgurtung U – 200 86,88 DM/t × 0,0253 t/m = 2,20 DM/m/Monat ⁒ 21 × Tg.					
$\dfrac{\text{Vorhaltekosten im Monat}}{170 \text{ h}} \times 8\,h = \dfrac{\quad\quad}{\text{Tagesleistung}} =$					
Gesamtsumme:					

Boden des Rohrgrabens lösen und herauswerfen. Im Zeitaufwand sind die Nebenleistungen der VOB und ZTVL enthalten.

| Boden: DIN 18 300 Klasse 3 | | Fahrbahn/Gehweg: unbefestigt | | | | | | |

Graben-breite m	Graben-tiefe m	h/m^3 bei einer Länge von						Eigene Werte
		50	75	100	200	400	500 m	
bis 1,50	2,00	0,35	0,32	0,26	0,24	0,22	0,20	
	2,50	0,37	0,33	0,28	0,25	0,23	0,22	
	3,00	0,39	0,36	0,33	0,27	0,25	0,24	
	3,50	0,41	0,39	0,37	0,30	0,27	0,25	
	4,00	0,42	0,40	0,38	0,35	0,30	0,26	
	4,50	0,45	0,43	0,41	0,38	0,34	0,28	
	5,00	0,47	0,45	0,43	0,40	0,35	0,30	
	5,50	0,48	0,47	0,45	0,42	0,38	0,32	
	6,00	0,50	0,48	0,46	0,43	0,39	0,34	
	6,50	0,52	0,50	0,48	0,44	0,40	0,38	
	7,00	0,55	0,52	0,50	0,48	0,44	0,40	
	7,50	0,60	0,58	0,56	0,52	0,49	0,45	
	8,00	0,63	0,60	0,58	0,55	0,53	0,50	

Graben-breite m	Graben-tiefe m	h/m^3 bei einer Länge von						Eigene Werte
		50	75	100	200	400	500 m	
über 1,50	2,00	0,36	0,33	0,28	0,26	0,22	0,20	
	2,50	0,39	0,35	0,30	0,27	0,23	0,22	
	3,00	0,40	0,38	0,34	0,29	0,26	0,25	
	3,50	0,41	0,39	0,37	0,33	0,30	0,28	
	4,00	0,43	0,42	0,40	0,36	0,33	0,30	
	4,50	0,48	0,46	0,44	0,40	0,37	0,34	
	5,00	0,50	0,48	0,47	0,43	0,40	0,36	
	5,50	0,52	0,50	0,48	0,45	0,42	0,40	
	6,00	0,55	0,52	0,50	0,47	0,45	0,42	
	6,50	0,57	0,55	0,53	0,50	0,47	0,45	
	7,00	0,59	0,56	0,54	0,52	0,50	0,48	
	7,50	0,63	0,60	0,58	0,55	0,52	0,50	
	8,00	0,66	0,64	0,62	0,58	0,55	0,53	

2.2 Rohrleitungsbau

Boden des Rohrgrabens lösen und herauswerfen. Im Zeitaufwand
sind die Nebenleistungen der VOB und ZTVL enthalten.

Boden: DIN 18 300 Klasse 4		Fahrbahn/Gehweg: unbefestigt						
Graben-breite m	Graben-tiefe m	h/m³ bei einer Länge von						Eigene Werte
		50	75	100	200	400	500 m	
bis 1,50	2,00	0,40	0,37	0,33	0,27	0,24	0,22	
	2,50	0,42	0,40	0,37	0,30	0,27	0,25	
	3,00	0,44	0,42	0,40	0,36	0,33	0,29	
	3,50	0,45	0,43	0,42	0,40	0,37	0,34	
	4,00	0,47	0,45	0,43	0,41	0,40	0,37	
	4,50	0,50	0,47	0,45	0,41	0,40	0,38	
	5,00	0,52	0,50	0,47	0,43	0,41	0,40	
	5,50	0,53	0,51	0,50	0,47	0,44	0,42	
	6,00	0,55	0,53	0,50	0,48	0,47	0,45	
	6,50	0,57	0,55	0,52	0,49	0,49	0,47	
	7,00	0,58	0,56	0,54	0,50	0,51	0,50	
	7,50	0,63	0,60	0,58	0,54	0,53	0,51	
	8,00	0,65	0,63	0,62	0,58	0,56	0,55	
Graben-breite m	Graben-tiefe m	h/m³ bei einer Länge von						Eigene Werte
		50	75	100	200	400	500 m	
über 1,50	2,00	0,38	0,35	0,30	0,26	0,25	0,23	
	2,50	0,40	0,37	0,34	0,28	0,27	0,25	
	3,00	0,44	0,42	0,40	0,36	0,32	0,27	
	3,50	0,45	0,43	0,41	0,38	0,34	0,30	
	4,00	0,47	0,45	0,43	0,40	0,38	0,34	
	4,50	0,50	0,48	0,46	0,44	0,40	0,36	
	5,00	0,53	0,51	0,50	0,46	0,44	0,40	
	5,50	0,55	0,53	0,51	0,47	0,45	0,43	
	6,00	0,58	0,55	0,53	0,50	0,47	0,45	
	6,50	0,60	0,58	0,56	0,52	0,50	0,48	
	7,00	0,63	0,61	0,59	0,56	0,54	0,52	
	7,50	0,65	0,63	0,61	0,58	0,56	0,54	
	8,00	0,70	0,68	0,66	0,62	0,59	0,56	

Boden des Rohrgrabens lösen und herauswerfen. Im Zeitaufwand sind die Nebenleistungen der VOB und ZTVL enthalten.

Boden: DIN 18 300 Klasse 5		Fahrbahn/Gehweg: unbefestigt					
Graben- breite m	Graben- tiefe m	h/m³ bei einer Länge von						Eigene Werte
		50	75	100	200	400	500 m	Eigene Werte
bis 1,50	2,00	0,50	0,45	0,40	0,35	0,30	0,25	
	2,50	0,52	0,49	0,45	0,38	0,35	0,33	
	3,00	0,55	0,52	0,48	0,42	0,37	0,35	
	4,00	0,60	0,58	0,54	0,50	0,44	0,40	
	4,50	0,63	0,61	0,58	0,54	0,50	0,46	
	5,00	0,70	0,68	0,66	0,61	0,58	0,54	
	5,50	0,73	0,70	0,68	0,59	0,58	0,55	
	6,00	0,80	0,77	0,75	0,70	0,65	0,60	
	6,50	0,85	0,82	0,80	0,75	0,70	0,65	
	7,00	0,90	0,85	0,82	0,78	0,75	0,70	
	7,50	0,95	0,90	0,85	0,80	0,77	0,75	
	8,00	1,00	0,96	0,93	0,88	0,82	0,80	

Graben- breite m	Graben- tiefe m	h/m³ bei einer Länge von						Eigene Werte
		50	75	100	200	400	500 m	Eigene Werte
über 1,50	2,00	0,55	0,50	0,45	0,42	0,38	0,34	
	2,50	0,53	0,54	0,50	0,45	0,40	0,36	
	3,00	0,58	0,56	0,53	0,50	0,45	0,40	
	3,50	0,62	0,60	0,57	0,53	0,50	0,46	
	4,00	0,65	0,63	0,60	0,56	0,52	0,50	
	4,50	0,70	0,68	0,65	0,60	0,56	0,53	
	5,00	0,75	0,74	0,73	0,68	0,64	0,60	
	5,50	0,80	0,79	0,77	0,70	0,66	0,63	
	6,00	0,85	0,83	0,81	0,75	0,70	0,65	
	6,50	0,88	0,85	0,83	0,77	0,74	0,70	
	7,00	0,90	0,88	0,85	0,80	0,76	0,74	
	7,50	0,95	0,90	0,85	0,80	0,76	0,75	
	8,00	1,00	0,95	0,90	0,85	0,80	0,75	

2.2 Rohrleitungsbau

Boden des Rohrgrabens lösen und herauswerfen. Im Zeitaufwand sind die Nebenleistungen der VOB und ZTVL enthalten, zeitlich und örtlich zusammenhängend auszuführende Längen und m³.

Boden: DIN 18 300 Klasse 3		Fahrbahn/Gehweg: unbefestigt/Handarbeit						
Graben-breite m	Graben-tiefe m	h/m³ bei einer Länge von						Eigene Werte
		5	25	50	75 m			
bis 1,00	1,00	1,60	1,45	1,25	1,20			
	1,25	1,65	1,50	1,30	1,25			
	1,50	1,70	1,55	1,35	1,30			
	1,75	1,75	1,60	1,40	1,35			
	2,00	1,85	1,75	1,60	1,45			
	2,25	1,90	1,80	1,70	1,55			
	2,50	1,95	1,90	1,85	1,70			
	2,75	2,00	1,95	1,90	1,85			
	3,00	2,10	2,05	2,00	1,95			

Graben-breite m	Graben-tiefe m	h/m³ bei einer Länge von						Eigene Werte
		5	25	50	75 m			
bis 1,00	1,00	1,65	1,50	1,30	1,25			
	1,25	1,70	1,55	1,35	1,30			
	1,50	1,75	1,60	1,40	1,35			
	1,75	1,80	1,65	1,45	1,40			
	2,00	1,90	1,80	1,65	1,50			
	2,25	1,95	1,85	1,75	1,60			
	2,50	2,00	1,96	1,83	1,70			
	2,75	2,05	2,00	1,95	1,80			
	3,00	2,15	2,10	2,05	2,00			

Graben-breite m	Graben-tiefe m	h/m³ bei einer Länge von						Eigene Werte
		5	25	50	75 m			
		überwiegend Wurzelwerk						
bis 1,00	1,00	1,85	1,80	1,75	1,70			
	1,25	1,90	1,85	1,80	1,76			
	1,50	2,00	1,96	1,90	1,85			
	1,75	2,05	2,00	1,95	1,90			
	2,00	2,25	2,20	2,10	2,00			
	2,25	2,50	2,45	2,40	2,20			
	2,50	2,75	2,55	2,50	2,40			

Boden des Rohrgrabens lösen und herauswerfen. Im Zeitaufwand sind die Nebenleistungen der VOB und ZTVL enthalten, zeitlich und örtlich zusammenhängend auszuführende Längen und m³.

| Boden: DIN 18 300 Klasse 4 | | Fahrbahn/Gehweg: unbefestigt/Handarbeit | | | | | | |

Graben-breite m	Graben-tiefe m	h/m³ bei einer Länge von						Eigene Werte
		5	25	50	75 m		m	
bis 1,00	1,00	1,75	1,65	1,55	1,45			
	1,25	1,80	1,70	1,65	1,55			
	1,50	1,85	1,80	1,75	1,65			
	1,75	1,90	1,85	1,80	1,75			
	2,00	1,95	1,90	1,85	1,80			
	2,25	2,05	2,00	1,95	1,90			
	2,50	2,15	2,10	2,05	2,00			
	2,75	2,30	2,25	2,20	2,10			
	3,00	2,45	2,40	2,35	2,30			

Graben-breite m	Graben-tiefe m	h/m³ bei einer Länge von						Eigene Werte
		5	25	50	75 m			
bis 1,00	1,00	1,85	1,80	1,75	1,70			
	1,25	2,00	1,85	1,70	1,65			
	1,50	2,05	1,95	1,90	1,85			
	1,75	2,10	2,05	2,00	1,95			
	2,00	2,18	2,12	2,05	2,00			
	2,25	2,30	2,25	2,20	2,05			
	2,50	2,35	2,30	2,25	2,10			
	2,75	2,45	2,40	2,35	2,30			
	3,00	2,55	2,50	2,45	2,40			

Graben-breite m	Graben-tiefe m	h/m³ bei einer Länge von						Eigene Werte
		5	25	50	75 m			
		überwiegend Wurzelwerk						
bis 1,00	1,00	1,95	1,90	1,85	1,80			
	1,25	2,00	1,95	1,90	1,85			
	1,50	2,15	2,05	2,00	1,95			
	1,75	2,30	2,25	2,20	2,05			
	2,00	2,40	2,35	2,30	2,30			
	2,25	2,65	2,50	2,45	2,40			
	2,50	2,90	2,85	2,80	2,65			

2.2 Rohrleitungsbau

Boden ausheben, beiseite setzen, verbauen mit **Kanaldielen KD 800, Kammerplatten KP 4 und Kanalstreben Gi – P 100/400 cm.**

Boden: DIN 18 300 Klasse 3		Fahrbahn/Gehweg: unbefestigt					
Graben-breite m	Graben-tiefe m	h/m³ bei einer Länge von					Eigene Werte
		50	75	100	200	400	500 m	
bis 1,50	2,00	1,66	1,62	1,58	1,54	1,50	1,44	
	2,50	1,77	1,71	1,68	1,65	1,63	1,54	
	3,00	1,89	1,85	1,80	1,75	1,72	1,64	
	3,50	2,05	2,00	1,95	1,90	1,85	1,75	
	4,00	2,20	2,15	2,12	2,04	1,97	1,88	
	4,50	2,30	2,25	2,20	2,15	2,10	2,00	
	5,00	2,40	2,35	2,30	2,25	2,21	2,10	
	5,50	2,50	2,45	2,40	2,35	2,30	2,20	
	6,00	2,75	2,70	2,65	2,60	2,55	2,40	
	6,50	3,10	3,00	2,95	2,90	2,85	2,70	
	7,00	3,35	3,30	3,25	3,20	3,15	3,00	
	7,50	3,60	3,55	3,50	3,43	3,36	3,25	
	8,00	3,85	3,80	3,70	3,65	3,60	3,55	

Graben-breite m	Graben-tiefe m	h/m³ bei einer Länge von					Eigene Werte
		50	75	100	200	400	500 m	
über 1,50	2,00	1,80	1,85	1,77	1,60	1,55	1,50	
	2,50	1,85	1,90	1,82	1,65	1,60	1,55	
	3,00	1,90	1,90	1,86	1,70	1,65	1,60	
	3,50	2,10	2,05	2,00	1,95	1,90	1,80	
	4,00	2,40	2,35	2,20	2,00	1,95	1,90	
	4,50	2,55	2,45	2,40	2,22	2,00	1,95	
	5,00	2,60	2,50	2,45	2,35	2,20	2,05	
	5,50	2,75	2,68	2,55	2,50	2,30	2,20	
	6,00	2,90	2,80	2,70	2,55	2,45	2,30	
	6,50	3,00	2,95	2,90	2,75	2,65	2,40	
	7,00	3,40	3,35	3,30	3,00	2,90	2,80	
	7,50	3,65	3,60	3,55	3,45	3,40	3,50	
	8,00	3,90	3,85	3,80	3,70	3,65	3,60	

Boden ausheben, beiseite setzen, verbauen mit Kanaldielen KD 800, Kammerplatten KP 4 und Kanalstreben Gi – P 100/400 cm.

Boden: DIN 18 300 Klasse 4		Fahrbahn/Gehweg: unbefestigt					
Graben-breite m	Graben-tiefe m	h/m³ bei einer Länge von					
		50	75	100	200	400	500 m	Eigene Werte

Graben-breite m	Graben-tiefe m	50	75	100	200	400	500 m	Eigene Werte
bis 1,50	2,00	1,85	1,80	1,70	1,65	1,60	1,55	
	2,50	1,95	1,90	1,85	1,75	1,70	1,65	
	3,00	2,09	2,05	2,00	1,90	1,80	1,75	
	3,50	2,20	2,15	2,10	2,00	1,90	1,85	
	4,00	2,40	2,30	2,20	2,10	2,00	1,96	
	4,50	2,50	2,45	2,40	2,20	2,10	2,05	
	5,00	2,65	2,60	2,50	2,35	2,20	2,20	
	5,50	2,70	2,65	2,60	2,45	2,30	2,30	
	6,00	2,95	2,90	2,85	2,75	2,55	2,40	
	6,50	3,30	3,25	3,20	3,00	2,75	2,60	
	7,00	3,55	3,50	3,45	3,30	3,10	2,90	
	7,50	3,80	3,75	3,70	3,50	3,30	3,05	
	8,00	4,05	4,00	3,95	3,70	3,50	3,30	

Graben-breite m	Graben-tiefe m	h/m³ bei einer Länge von					
		50	75	100	200	400	500 m	Eigene Werte

Graben-breite m	Graben-tiefe m	50	75	100	200	400	500 m	Eigene Werte
über 1,50	2,00	2,00	2,10	1,95	1,80	1,75	1,70	
	2,50	2,05	2,15	2,00	1,88	1,80	1,75	
	3,00	2,25	2,20	2,10	2,00	1,90	1,85	
	3,50	2,50	2,45	2,40	2,20	2,05	2,00	
	4,00	2,70	2,65	2,60	2,45	2,30	2,25	
	4,50	2,80	2,75	2,70	2,50	2,40	2,35	
	5,00	2,90	2,85	2,80	2,65	2,55	2,50	
	5,50	3,05	3,00	2,95	2,80	2,70	2,65	
	6,00	3,30	3,25	3,20	3,00	2,90	2,85	
	6,50	3,45	3,40	3,30	3,15	3,05	3,00	
	7,00	3,65	3,60	3,55	3,45	3,40	3,30	
	7,50	4,00	3,95	3,90	3,85	3,75	3,60	
	8,00	4,30	4,20	4,10	4,00	3,95	3,90	

2.2 Rohrleitungsbau

Boden ausheben, beiseite setzen, verbauen mit Kanaldielen KD 800, Kammerplatten KP 4 und Kanalstreben Gi – P 100/400 cm.

Boden: DIN 18 300 Klasse 5		Fahrbahn/Gehweg: unbefestigt					
Graben-breite m	**Graben-tiefe m**	h/m³ bei einer Länge von					**Eigene Werte**
		50	75	100	200	400	500 m	
bis 1,50	2,00	2,05	2,00	1,95	1,90	1,85	1,80	
	2,50	2,15	2,05	2,00	1,95	1,90	1,85	
	3,00	2,30	2,25	2,20	2,05	2,00	1,95	
	3,50	2,55	2,50	2,45	2,30	2,20	2,10	
	4,00	2,68	2,65	2,60	2,45	2,35	2,30	
	4,50	3,00	2,95	2,90	2,60	2,40	2,35	
	5,00	3,10	3,05	3,00	2,85	2,75	2,45	
	5,50	3,15	3,10	3,05	2,95	2,80	2,70	
	6,00	3,40	3,35	3,30	3,15	3,00	2,90	
	6,50	3,50	3,45	3,40	3,30	3,20	3,05	
	7,00	3,60	3,55	3,50	3,45	3,30	3,25	
	7,50	3,95	3,90	3,85	3,70	3,55	3,40	
	8,00	4,25	4,20	4,15	4,00	3,85	3,80	

Graben-breite m	**Graben-tiefe m**	h/m³ bei einer Länge von					**Eigene Werte**
		50	75	100	200	400	500 m	
über 1,50	2,00	2,15	2,05	2,00	1,95	1,90	1,85	
	2,50	2,25	2,10	2,05	2,00	2,00	1,90	
	3,00	2,35	2,30	2,25	2,10	2,00	1,95	
	3,50	2,65	2,60	2,55	2,40	2,25	2,20	
	4,00	2,75	2,70	2,65	2,50	2,40	2,35	
	4,50	3,05	3,00	2,95	2,85	2,70	2,65	
	5,00	3,15	3,10	3,05	2,95	2,80	2,75	
	5,50	3,30	3,25	3,20	3,10	3,00	2,95	
	6,00	3,50	3,45	3,40	3,25	3,15	3,10	
	6,50	3,60	3,55	3,50	3,40	3,30	3,20	
	7,00	3,65	3,60	3,55	3,40	3,35	3,25	
	7,50	4,00	3,95	3,90	3,85	3,70	3,65	
	8,00	4,35	4,30	4,25	4,10	3,95	3,90	

| Druckrohre aus duktilem Gußeisen mit TYTON-Langmuffe und Stahlrohren an der Lagerstelle aufnehmen, 50 m transportieren und verlegen. | | | | | | | DIN 28610 – Klasse K 10 |

Druckrohre verlegen							
DN	h/m bei einer Länge von						Eigene Werte
	5	25	50	75	200	300	500 m	
40	0,55	0,50	0,45	0,40	0,37	0,35	0,33	
50	0,55	0,50	0,45	0,40	0,37	0,35	0,33	
65	0,60	0,55	0,50	0,45	0,42	0,40	0,38	
80	0,65	0,60	0,55	0,52	0,50	0,48	0,45	
100	0,72	0,66	0,62	0,58	0,56	0,53	0,48	
125	0,88	0,82	0,77	0,72	0,68	0,65	0,60	
150	0,90	0,85	0,80	0,75	0,70	0,67	0,64	
200	1,05	0,95	0,90	0,85	0,83	0,80	0,75	
250	1,30	1,25	1,15	1,10	1,05	1,00	0,90	
300	1,60	1,50	1,40	1,35	1,30	1,25	1,15	
350	1,85	1,72	1,60	1,50	1,45	1,40	1,30	
400	2,05	1,90	1,80	1,70	1,65	1,60	1,50	
450	2,40	2,25	2,05	2,00	1,95	1,90	1,75	
500	2,65	2,40	2,30	2,20	2,15	2,10	2,00	
600	3,50	3,20	2,95	2,80	2,65	2,60	2,45	
700	4,20	3,95	3,75	3,50	3,25	3,15	2,95	
800	4,60	4,30	4,00	3,85	3,70	3,60	3,45	
900	5,55	5,00	4,75	4,55	4,35	4,10	3,95	
1000	6,50	6,00	5,50	5,05	4,90	4,80	4,55	
1200	7,65	7,15	6,65	6,30	6,10	5,90	5,75	
1400	9,55	9,00	8,55	7,85	7,35	7,15	6,95	

2.2 Rohrleitungsbau

Druckrohre aus duktilem Gußeisen und Stahlrohre ausbauen, bis 50 m transportieren und zur Wiederverwendung fachgerecht lagern.							DIN 28610 – Klasse K 10
Verbindungen lösen **Druckrohre ausbauen**							
DN	h/m bei einer Länge von						Eigene Werte
	5	25	50	75	200	300	500 m	
40	0,40	0,38	0,32	0,30	0,29	0,27	0,25	
50	0,40	0,38	0,32	0,30	0,29	0,27	0,25	
65	0,45	0,40	0,35	0,33	0,32	0,30	0,27	
80	0,50	0,48	0,43	0,40	0,38	0,35	0,32	
100	0,60	0,56	0,47	0,45	0,43	0,41	0,38	
125	0,74	0,69	0,58	0,55	0,52	0,50	0,45	
150	0,81	0,75	0,63	0,60	0,57	0,54	0,50	
200	0,92	0,85	0,71	0,68	0,65	0,61	0,58	
250	1,15	1,06	0,89	0,85	0,81	0,77	0,72	
300	1,43	1,33	1,11	1,06	1,01	0,95	0,90	
350	1,61	1,49	1,25	1,19	1,13	1,07	1,00	
400	1,84	1,70	1,43	1,36	1,29	1,22	1,15	
450	2,19	2,03	1,70	1,62	1,54	1,46	1,35	
500	2,42	2,24	1,88	1,79	1,70	1,61	1,55	
600	2,98	2,76	2,32	2,21	2,10	1,99	1,85	
700	3,62	3,35	2,81	2,68	2,55	2,41	2,35	
800	4,13	3,83	3,21	3,06	2,91	2,75	2,61	
900	4,71	4,36	3,66	3,49	3,32	3,14	3,00	
1000	5,50	5,10	4,28	4,08	3,88	3,67	3,45	
1100	6,78	6,28	5,27	5,02	4,77	4,52	4,25	
1200	8,21	7,60	6,38	6,08	5,78	5,47	5,10	

Druckrohrverbindungen herstellen.							1 Stück
Druckrohrverbindungen mit Schutzanstrich							
DN	Stemmuffe mit Gießblei	Stemmuffe mit Bleiwolle	Schraub-muffen	Flanschen	Gewinde einseitig herstellen	Gewinde schneiden	Gewinde nach-schneiden	**Eigene Werte**
40	0,90	1,00	0,35	0,35	0,12	0,40	0,12	
50	0,90	1,15	0,35	0,40	0,17	0,54	0,16	
65	–	1,25	0,35	0,45	0,25	0,80	0,24	
80	1,15	1,35	0,50	0,53				
100	1,35	1,45	0,50	0,65				
150	1,75	2,05	0,63	0,81				
200	2,20	2,50	0,71	0,95				
250	3,00	2,85	0,95	1,05				
300	3,50	3,65	1,25	1,45				
350	3,80	4,15	1,45	1,60				
400	4,20	4,70	1,50	1,83				
500	5,80	6,85	1,79	2,85				
600	7,50	8,19	–	3,15				
700	9,00	11,10	–	4,20				
800	12,00	12,35	–	5,05				
900	14,00	14,20	–	6,00				
1000	16,50	17,95	–	7,20				
1100	20,00	22,50	–	8,15				
1200	23,20	26,00	–	9,45				

2.2 Rohrleitungsbau

| Druckrohrverbindungen lösen. | | | | | | | 1 Stück |
| Druckrohrverbindungen zur Wiederverwendung ausbauen | | | | | | | |
DN	Stemmuffen ausbrennen	Stemmuffe zum Ausbau ausstemmen	Stemmuffen zum Dichten aus- stemmen	Schraub- muffen	Stopfbuch- senmuffen	Flanschen	Gewinde	Eigene Werte
40	0,33	0,86	1,19	–	–	0,24	0,15	
50	0,33	0,86	1,19	–	–	0,24	0,28	
65	–	–	–	–	–	–	0,40	
80	0,43	1,10	1,53	–	–	0,28	–	
100	0,50	1,29	1,79	0,34	–	0,44	–	
125	–	–	–	–	–	–	–	
150	0,65	1,67	2,33	0,41	–	0,44	–	
200	0,82	2,11	2,93	0,53	–	0,68	–	
250	1,12	2,87	3,99	0,60	–	0,84	–	
300	1,30	3,35	4,65	0,83	–	1,00	–	
350	1,41	3,60	5,00	0,90	–	1,28	–	
400	1,50	4,00	5,50	0,94	–	1,50	–	
450	–	–	–	–	–	–	–	
500	2,15	5,50	7,70	1,20	1,88	2,05	–	
600	2,80	7,00	9,90	–	2,25	2,40	–	
700	3,30	8,60	11,00	–	2,78	2,90	–	
800	4,50	11,60	16,20	–	3,23	3,50	–	
900	5,20	13,40	18,60	–	3,70	4,00	–	
1000	6,15	15,70	21,90	–	4,30	4,80	–	
1100	7,50	19,00	26,50	–	4,60	5,20	–	
1200	8,60	22,00	30,00	–	5,00	5,60	–	

Bauseitig zum Lager gelieferte Einbaustoffe, **Rohre und Formstücke,** abladen und fachgerecht stapeln.							1 Stück	
DN	Steinzeug-rohre und Formstücke	Betonmuffen-rohre	Preßbeton oder Stahl-beton	AZ-Rohre und Formstücke	Ge-Rohre Formstücke	Stahlrohre Formstücke		**Eigene Werte**
75	0,05	–	–	–	–	–		
100	0,05	–	–	0,05	0,05	0,04		
125	0,06	–	–	–	0,06	0,05		
150	0,08	–	–	0,08	0,08	0,07		
200	0,11	0,15	0,15	0,10	0,10	0,08		
250	0,15	0,25	0,25	0,16	0,18	0,20		
300	0,20	0,35	0,35	0,20	0,20	0,22		
350	0,25	0,45	–	0,30	0,30	0,25		
400	0,33	0,55	0,75	0,35	0,35	0,30		
450	0,40	0,65	–	0,40	0,40	0,33		
500	0,45	0,80	1,45	0,50	0,50	0,40		
600	0,60	1,15	1,65	0,60	0,60	0,50		
700	0,80	1,50	1,80	0,95	0,90	0,75		
800	1,00	1,95	2,00	1,20	1,20	0,90		
900	–	–	2,25	1,45	1,45	1,05		
1000	–	–	2,40	1,75	1,75	1,30		
1100	–	–	2,50	2,05	2,05	1,50		
1200	–	–	2,60	2,40	2,40	1,80		
1300	–	–	2,75	–	–	–		
1400	–	–	2,90	–	–	–		
1500	–	–	3,05	–	–	–		
1600	–	–	3,20	–	–	–		
1700	–	–	3,35	–	–	–		
1800	–	–	3,50	–	–	–		
1900	–	–	3,65	–	–	–		
2000	–	–	3,85	–	–	–		

2.2 Rohrleitungsbau

ETERNIT – Druckrohre an der Lagerstelle aufnehmen, 50 m transportieren und verlegen.							PN – 2,5 – 6 – 10 – 12,5
Druckrohre verlegen							
DN	h/m bei einer Länge von						
	5	25	50	75	200	300	500 m	Eigene Werte
100	0,70	0,60	0,56	0,54	0,50	0,45	0,40	
125	0,75	0,55	0,51	0,49	0,45	0,40	0,35	
150	0,80	0,75	0,70	0,65	0,60	0,55	0,50	
200	0,85	0,80	0,75	0,70	0,65	0,60	0,55	
250	1,00	0,95	0,90	0,85	0,80	0,70	0,65	
300	1,30	1,20	1,10	1,00	0,90	0,85	0,80	
350	1,60	1,50	1,40	1,30	1,20	1,15	1,00	
400	1,90	1,80	1,70	1,60	1,50	1,40	1,35	
500	2,50	2,40	2,35	2,30	2,20	2,10	2,00	
600	3,10	3,00	2,90	2,80	2,70	2,55	2,50	
700	3,80	3,70	3,55	3,40	3,00	2,90	2,75	
800	4,20	4,05	3,95	3,80	3,65	3,30	3,00	
900	5,20	5,00	4,85	4,70	4,35	4,00	3,85	
1000	6,15	6,00	5,85	5,65	4,95	4,75	4,55	
1100	7,00	6,85	6,75	6,65	6,40	6,00	5,85	
1200	7,65	7,45	7,20	7,00	6,75	6,50	6,25	
1300	8,25	8,00	7,75	7,50	7,25	7,00	6,80	
1400	9,00	8,80	8,55	8,00	7,40	7,00	6,75	
1500	10,00	9,80	9,55	9,00	9,45	9,05	8,75	
1600	11,05	10,85	10,60	10,15	9,95	9,65	9,50	
1700	12,00	11,50	11,25	11,00	10,55	10,30	10,10	
1800	13,00	12,50	12,25	12,00	11,50	11,35	11,10	
1900	14,50	14,00	13,75	13,50	13,10	12,85	12,50	
2000	16,00	15,50	15,20	15,00	14,50	14,30	14,10	

ETERNIT – **Druckrohre** zur Wiederverwendung Lösen oder Aufschneiden der Reka-Kupplungen, 50 m transportieren und lagern.							PN – 2,5 – 6 – 10 – 12,5
Verbindungen lösen Druckrohre ausbauen							
DN	h/m bei einer Länge von						
	5	25	50	75	200	300	500 m	Eigene Werte
100	0,80	0,75	0,70	0,65	0,60	0,58	0,55	
125	0,80	0,75	0,70	0,65	0,60	0,58	0,55	
150	0,99	0,91	0,77	0,73	0,69	0,66	0,62	
200	1,40	1,30	1,10	1,05	1,00	0,95	0,90	
250	1,94	1,80	1,50	1,40	1,30	1,25	1,20	
300	2,10	2,00	1,90	1,60	1,50	1,45	1,35	
350	2,60	2,40	2,00	1,90	1,80	1,70	1,60	
400	2,80	2,60	2,25	2,00	1,90	1,80	1,70	
500	3,10	3,00	2,90	2,75	2,65	2,25	2,00	
600	4,10	3,80	3,20	3,00	2,90	2,75	2,35	
700	4,55	4,25	4,00	3,80	3,55	3,30	3,00	
800	5,50	5,10	4,75	4,30	4,10	3,95	3,65	
900	6,20	5,90	5,45	5,15	4,80	4,60	4,20	
1000	7,00	6,75	6,50	6,25	6,00	5,75	5,15	

2.2 Rohrleitungsbau

Rohre und Formstücke in verbaute Rohrgräben verlegen, einschl. Transportieren und Nebenleistungen.	Zulagen		
	Formstücke für Rohre DN 100 dGe verlegen		
	Bezeichnung	Rohrlänge m	Einbaulänge m	Zeitaufwand h
	1 EU DN 100	–	0,09	0,85
	2 FFK 45° DN 100	–	0,56	2,00
	1 FF DN 100	–	0,20	1,00
	1 F-Stck DN 100	–	0,36	0,60
	1 MMA DN 100/100	–	0,19	1,40
	1 EU DN 100	–	0,09	0,85
	1 Schieber DN 100	–	0,30	2,00
	1 Rohr DN 100	1,15	–	–
	1 Rohr DN 100	5,00	–	–
	2 F-Stck DN 100	–	0,72	1,20
	4 FFK 45° DN 100	–	1,12	4,00
	1 FF DN 100	–	1,00	1,00
	1 Rohr DN 100	5,00	–	–
	1 FFK 45° DN 100	–	0,28	1,00
	1 Schieber DN 100	–	0,30	2,00
	1 F-Stck DN 100	–	0,36	0,60
	1 MMK 22° DN 100	–	0,09	1,00
	1 MMA DN 100/100	–	0,19	1,40
	1 Rohr DN 100	1,95	–	–
	2 EU DN 100	–	0,18	1,70
	4 FFK 45° DN 100	–	1,12	4,00
	1 T-Stck DN 100/80	–	0,36	1,40
	1 Schieber DN 100	–	0,30	2,00
	1 FF	–	0,30	1,00
		13,10	8,11	31,00

Betonrohre mit Kreisquerschnitt ohne Fuß mit Falz aufnehmen, 50 m transportieren, verlegen und unterstopfen.							DIN 4032 – K – F
DN	h/m bei einer Länge von						
	5	25	50	75	200	300	500 m	Eigene Werte
100	0,85	0,80	0,70	0,70	0,65	0,65	0,60	
150	0,90	0,85	0,75	0,75	0,70	0,70	0,65	
200	1,00	0,90	0,80	0,80	0,86	0,85	0,80	
250	1,10	0,95	0,90	0,95	0,90	0,85	0,80	
300	1,30	1,25	1,25	1,20	1,14	1,10	1,10	
400	1,70	1,70	1,60	1,55	1,50	1,45	1,40	
500	2,10	2,05	1,90	1,85	1,80	1,75	1,70	
600	2,45	2,30	2,30	2,10	2,00	2,00	1,85	
700	2,65	2,55	2,45	2,40	2,30	2,25	–	
800	2,90	2,85	2,75	2,70	2,60	2,50	–	
900	3,20	3,15	3,15	3,05	3,00	2,80	–	
1000	3,55	3,50	3,50	3,40	3,30	3,05	–	
1100	3,70	3,65	3,60	3,60	3,50	–	–	
1200	4,05	4,00	4,00	4,00	3,85	–	–	
1300	4,45	4,45	4,45	4,20	–	–	–	
1400	5,00	5,00	5,00	4,80	4,65	4,60	–	
1500	5,50	5,50	5,50	–	–	–	–	

2.2 Rohrleitungsbau

Betonrohre mit Kreisquerschnitt ohne Fuß, wandverstärkt, mit Muffe, aufnehmen, 50 m transportieren, verlegen und unterstopfen.							DIN 4032 – KW – M
		h/m bei einer Länge					
DN	5	25	50	75	200	300	500 m	Eigene Werte
100	1,15	1,10	1,05	1,05	1,00	0,95	0,90	
150	1,20	1,15	1,10	1,10	1,05	1,00	0,95	
200	1,25	1,20	1,15	1,15	1,05	1,00	0,95	
250	1,40	1,32	1,28	1,25	1,21	1,18	1,15	
300	1,50	1,45	1,42	1,38	1,36	1,28	1,25	
400	2,15	2,05	2,00	1,95	1,90	–	–	
500	3,90	3,60	3,55	3,50	3,44	3,35	–	
600	4,75	4,70	4,60	4,50	4,44	4,20	–	
700	5,50	5,45	5,40	5,25	5,00	–	–	
800	6,15	6,00	5,85	5,80	5,70	5,60	5,45	
900	7,00	6,85	6,70	6,65	6,40	–	–	
1000	7,65	7,60	7,50	7,25	7,00	6,90	6,75	
1200	9,15	9,00	8,85	8,70	8,55	8,45	8,50	
1300	9,85	8,80	9,75	9,50	9,25	9,25	–	
1400	10,90	10,80	10,75	10,50	10,20	10,20	–	
1500	12,45	12,45	12,45	12,45	–	–	–	

Betonrohre mit Kreisquerschnitt ohne Fuß, wandverstärkt, mit Muffe, aufnehmen, 50 m transportieren, verlegen und unterstopfen.							DIN 4032 – KFW – M

	h/m bei einer Länge						
DN	5	25	50	75	200	300	500 m	Eigene Werte
100	1,20	1,15	1,10	1,05	1,05	1,00	1,00	
150	1,25	1,25	1,25	1,20	1,15	1,10	1,10	
200	1,32	1,30	1,30	1,30	1,25	1,25	1,25	
250	1,40	1,40	1,40	1,35	1,30	1,30	1,30	
300	1,50	1,50	1,45	1,45	1,40	1,35	1,35	
400	2,20	2,20	2,15	2,10	2,00	2,00	2,00	
500	4,00	4,00	3,85	3,85	3,70	3,70	3,55	
600	5,00	5,00	4,85	4,80	4,80	4,80	4,70	
700	6,00	6,00	5,80	5,80	–	–	–	
800	7,20	7,20	7,00	6,85	6,70	–	–	
900	8,00	8,00	7,80	7,80	7,60	7,60	7,60	
1000	8,50	8,50	8,50	8,25	8,25	8,15	–	
1200	9,55	9,55	9,50	9,25	9,25	–	–	
1300	10,80	10,80	10,80	10,55	–	–	–	
1400	11,95	11,95	11,95	11,60	–	–	–	
1500	13,00	13,00	13,00	–	–	–	–	

2.2 Rohrleitungsbau

Betonrohre mit Kreisquerschnitt mit Fuß und Falz aufnehmen, 50 m transportieren, verlegen und unterstopfen.								DIN 4032 – KF – F
			h/m bei einer Länge					
DN	5	25	50	75	200	300	500 m	Eigene Werte
100	0,95	0,85	0,80	0,80	0,70	–	–	
150	1,00	1,00	0,95	0,90	0,80	0,75	0,75	
200	1,05	1,00	1,00	0,95	0,95	0,80	0,80	
250	1,15	1,15	1,10	1,10	1,00	1,00	1,00	
300	1,20	1,24	1,20	1,20	1,10	1,10	1,05	
400	1,75	1,75	1,70	1,65	1,60	1,55	1,50	
500	2,10	2,10	2,05	2,00	1,90	1,90	1,80	
600	2,50	2,45	2,45	2,40	2,30	2,25	2,20	
700	2,70	2,70	2,65	2,55	2,45	–	–	
800	3,00	3,00	3,00	–	–	–	–	
900	3,45	–	–	3,15	3,00	–	–	
1000	3,65	3,60	3,55	3,45	3,30	–	–	
1100	3,80	3,80	3,75	–	–	–	–	
1200	4,10	4,10	4,10	4,00	4,00	–	–	
1300	4,50	4,50	4,50	4,35	4,25	4,25	4,25	
1400	–	–	–	5,15	–	–	–	
1500	5,70	5,70	5,65	–	–	–	–	

| Stahlbetonrohre, Stahlbetondruckrohre, kreisförmig mit Glockenmuffe und Rollringdichtung, bis 50 m transportieren, verlegen und unterstopfen. | | | | | | | | DIN 4035 – K – GM |

				h/m bei einer Länge				
DN	5	25	50	75	200	300	500 m	**Eigene Werte**
250	–	4,00	3,70	3,50	3,40	3,40	3,40	
300	–	4,40	4,20	4,00	3,90	3,90	3,80	
400	–	5,20	5,45	5,35	5,10	5,00	4,90	
500	6,45	6,55	6,70	6,65	6,55	6,30	6,00	
600	8,40	8,25	8,10	8,00	7,65	7,40	7,10	
700	9,90	9,80	9,45	9,35	9,00	8,75	8,45	
800	11,55	11,30	11,00	10,70	10,55	10,35	10,00	
900	11,95	11,80	11,75	11,00	10,85	10,60	10,45	
1000	12,80	12,70	12,60	12,45	12,15	12,00	–	
1100	13,20	13,00	13,00	13,00	12,80	12,55	12,30	
1200	14,00	14,00	13,80	13,50	13,10	13,00	13,00	
1300	15,00	15,00	15,00	14,75	14,50	14,50	14,00	
1400	16,00	16,00	16,00	–	–	–	–	
1500	17,00	17,00	16,55	16,55	16,45	–	–	

2.2 Rohrleitungsbau

Rohre und Formstücke am Lager auf Fahrzeuge laden, bis zu 300 m transportieren und am Grabenrand fachgerecht verteilen.

DN	Steinzeugrohre Formstücke	Betonmuffenrohre	Preßbeton oder Stahlbeton	AZ-Rohre und Formstücke	Ge-Rohre Formstücke	Stahlrohre Formstücke		Eigene Werte
100	0,10	–	–	0,10	0,10	0,10		
125	0,15	–	–	–	0,12	0,12		
150	0,18	–	–	0,12	0,15	0,15		
200	0,20	0,22	0,22	0,15	0,17	0,17		
250	0,23	0,30	0,30	0,18	0,22	0,22		
300	0,27	0,40	0,40	0,22	0,25	0,25		
350	0,30	0,50	–	0,35	0,40	0,40		
400	0,40	0,60	0,80	0,40	0,45	0,45		
450	0,50	0,72	–	0,45	0,50	0,50		
500	0,55	0,90	1,55	0,55	0,55	0,55		
600	0,65	1,20	1,80	0,70	0,70	0,70		
700	0,85	1,60	2,00	1,10	1,10	1,10		
800	1,15	2,05	2,20	1,40	1,40	1,35		
900	–	–	2,35	1,55	1,55	1,55		
1000	–	–	2,55	2,00	2,00	1,95		
1100	–	–	2,75	2,25	2,25	2,20		
1200	–	–	2,90	2,60	2,60	2,55		
1300	–	–	3,05	–	–	–		
1400	–	–	3,25	–	–	–		
1500	–	–	3,40	–	–	–		
1600	–	–	3,55	–	–	–		
1700	–	–	3,70	–	–	–		
1800	–	–	3,90	–	–	–		
1900	–	–	4,00	–	–	–		
2000	–	–	4,00	–	–	–		

Baugruben für **Einsteigeschächte:** Boden lösen und herauswerfen. Im Zeitaufwand sind die Nebenleistungen laut VOB und ZTVL enthalten.		
Boden; DIN 18300 **Klasse 3**	**Fahrbahn/Gehweg**	
Baugruben für Einsteigeschächte h/m³		
Höhenunterschied m	2,00/2,00 m 2,25/2,25 m 2,50/2,50 m	2,75/2,75 m 3,00/3,00 m 3,50/3,50 m
1,50	1,85	1,85
1,75	1,90	1,90
2,00	1,95	2,00
2,50	2,00	2,15
2,75	2,05	2,20
3,00	2,15	2,25
3,50	2,25	2,35
4,00	2,40	2,55
4,50	2,55	2,75
5,00	2,80	2,95
5,50	3,15	3,45
6,00	3,60	3,85
6,50	4,05	4,30
7,00	4,55	4,85
7,50	4,85	5,15
8,00	5,15	5,55
Boden: DIN 18300 **Klasse 4**		
1,50	2,00	2,15
1,75	2,10	2,25
2,00	2,40	2,50
2,50	2,55	2,65
3,00	2,65	2,80
3,50	2,80	3,00
4,00	3,00	3,25
4,50	3,25	3,55
5,00	3,40	3,75
5,50	3,65	3,90
6,00	3,90	4,25
6,50	4,40	4,75
7,00	4,90	5,25
7,50	5,35	5,75
8,00	5,80	6,15

2.2 Rohrleitungsbau

<table>
<tr><td colspan="2">Einsteigeschächte aus Mauerwerk: Rohrunterbettung Schachtsohle, Kanalklinker DIN 4051 in Zementmörtel, Rohrspiegel, Rapputz und Steigeeisen herstellen.</td><td></td></tr>
<tr><td colspan="2">Schachtabdeckungsunterkante – Kanalsohle</td><td colspan="7">Fahrbahn/Gehweg</td></tr>
<tr><td colspan="2">Höhenunterschied</td><td colspan="7">1 Stück Einsteigeschacht aus Mauerwerk Ø 800 bis 2000 m</td></tr>
<tr><td>m</td><td>m</td><td>800</td><td>1000</td><td>1250</td><td>1500</td><td>1750</td><td>2000</td><td>Eigene Werte</td></tr>
<tr><td>1,00</td><td></td><td>11,40</td><td>13,50</td><td>16,20</td><td>19,30</td><td>22,40</td><td>24,60</td><td></td></tr>
<tr><td></td><td>1,10</td><td>12,65</td><td>14,90</td><td>17,80</td><td>21,20</td><td>24,60</td><td>27,10</td><td></td></tr>
<tr><td>1,20</td><td></td><td>13,70</td><td>16,30</td><td>19,40</td><td>23,10</td><td>26,85</td><td>29,55</td><td></td></tr>
<tr><td></td><td>1,30</td><td>14,90</td><td>17,65</td><td>21,15</td><td>25,10</td><td>29,15</td><td>32,05</td><td></td></tr>
<tr><td>1,40</td><td></td><td>16,00</td><td>19,05</td><td>22,70</td><td>27,00</td><td>31,35</td><td>34,45</td><td></td></tr>
<tr><td></td><td>1,50</td><td>17,20</td><td>20,10</td><td>24,30</td><td>28,90</td><td>33,60</td><td>36,90</td><td></td></tr>
<tr><td>1,60</td><td></td><td>18,30</td><td>21,50</td><td>25,95</td><td>30,90</td><td>35,80</td><td>39,40</td><td></td></tr>
<tr><td></td><td>1,70</td><td>19,50</td><td>22,80</td><td>27,50</td><td>32,85</td><td>38,00</td><td>41,80</td><td></td></tr>
<tr><td>1,80</td><td></td><td>20,65</td><td>24,20</td><td>29,20</td><td>34,80</td><td>40,35</td><td>44,35</td><td></td></tr>
<tr><td></td><td>1,90</td><td>21,80</td><td>25,55</td><td>30,85</td><td>36,70</td><td>42,50</td><td>46,70</td><td></td></tr>
<tr><td>2,00</td><td></td><td>22,90</td><td>26,90</td><td>32,40</td><td>38,70</td><td>44,80</td><td>49,20</td><td></td></tr>
<tr><td></td><td>2,10</td><td>–</td><td>31,00</td><td>36,50</td><td>43,40</td><td>50,40</td><td>55,40</td><td></td></tr>
<tr><td>2,20</td><td></td><td>–</td><td>33,00</td><td>38,25</td><td>45,55</td><td>52,80</td><td>58,00</td><td></td></tr>
<tr><td></td><td>2,30</td><td>–</td><td>34,50</td><td>40,00</td><td>47,60</td><td>55,20</td><td>66,45</td><td></td></tr>
<tr><td>2,40</td><td></td><td>–</td><td>36,00</td><td>41,75</td><td>49,70</td><td>57,60</td><td>69,40</td><td></td></tr>
<tr><td></td><td>2,50</td><td>–</td><td>37,50</td><td>43,50</td><td>51,80</td><td>60,00</td><td>72,30</td><td></td></tr>
<tr><td>2,60</td><td></td><td>–</td><td>39,00</td><td>45,25</td><td>54,00</td><td>62,40</td><td>75,00</td><td></td></tr>
<tr><td></td><td>2,70</td><td>–</td><td>40,50</td><td>47,00</td><td>56,00</td><td>64,80</td><td>78,00</td><td></td></tr>
<tr><td>2,80</td><td></td><td>–</td><td>43,00</td><td>49,00</td><td>58,00</td><td>66,50</td><td>80,50</td><td></td></tr>
<tr><td></td><td>2,90</td><td>–</td><td>45,00</td><td>52,00</td><td>62,00</td><td>68,00</td><td>83,00</td><td></td></tr>
<tr><td>3,00</td><td></td><td>–</td><td>47,00</td><td>54,00</td><td>63,00</td><td>70,00</td><td>85,00</td><td></td></tr>
<tr><td></td><td>3,10</td><td>–</td><td>49,00</td><td>56,40</td><td>65,00</td><td>72,00</td><td>88,50</td><td></td></tr>
<tr><td>3,20</td><td></td><td>–</td><td>51,50</td><td>58,22</td><td>67,00</td><td>75,70</td><td>91,40</td><td></td></tr>
<tr><td></td><td>3,30</td><td>–</td><td>53,00</td><td>60,00</td><td>69,00</td><td>77,00</td><td>94,00</td><td></td></tr>
<tr><td>3,40</td><td></td><td>–</td><td>55,60</td><td>62,00</td><td>71,00</td><td>80,00</td><td>97,00</td><td></td></tr>
<tr><td></td><td>3,50</td><td>–</td><td>57,30</td><td>63,80</td><td>73,00</td><td>82,00</td><td>99,50</td><td></td></tr>
<tr><td>3,60</td><td></td><td>–</td><td>59,00</td><td>66,00</td><td>75,00</td><td>84,00</td><td>100,50</td><td></td></tr>
<tr><td></td><td>3,70</td><td>–</td><td>61,00</td><td>68,00</td><td>77,00</td><td>87,00</td><td>103,00</td><td></td></tr>
<tr><td>3,80</td><td></td><td>–</td><td>63,00</td><td>70,50</td><td>79,00</td><td>90,50</td><td>105,50</td><td></td></tr>
<tr><td></td><td>3,90</td><td>–</td><td>65,70</td><td>73,00</td><td>81,80</td><td>93,25</td><td>107,50</td><td></td></tr>
<tr><td>4,00</td><td></td><td>–</td><td>67,90</td><td>77,40</td><td>83,60</td><td>97,00</td><td>109,85</td><td></td></tr>
<tr><td></td><td>4,10</td><td>–</td><td>72,00</td><td>81,00</td><td>88,00</td><td>100,50</td><td>114,00</td><td></td></tr>
<tr><td>4,20</td><td></td><td>–</td><td>75,00</td><td>84,70</td><td>92,00</td><td>105,30</td><td>118,00</td><td></td></tr>
<tr><td></td><td>4,30</td><td>–</td><td>78,00</td><td>88,00</td><td>95,70</td><td>109,00</td><td>122,50</td><td></td></tr>
<tr><td>4,40</td><td></td><td>–</td><td>81,00</td><td>92,00</td><td>99,00</td><td>114,00</td><td>129,00</td><td></td></tr>
<tr><td></td><td>4,40</td><td>–</td><td>85,20</td><td>96,50</td><td>105,00</td><td>119,00</td><td>132,00</td><td></td></tr>
<tr><td>4,50</td><td></td><td>–</td><td>90,00</td><td>104,00</td><td>109,00</td><td>122,00</td><td>135,00</td><td></td></tr>
<tr><td></td><td>4,60</td><td>–</td><td>94,80</td><td>108,00</td><td>112,50</td><td>125,00</td><td>140,00</td><td></td></tr>
<tr><td>4,70</td><td></td><td>–</td><td>99,00</td><td>111,00</td><td>115,00</td><td>129,00</td><td>145,00</td><td></td></tr>
<tr><td></td><td>4,80</td><td>–</td><td>104,00</td><td>115,00</td><td>120,00</td><td>132,00</td><td>148,00</td><td></td></tr>
<tr><td>4,90</td><td></td><td>–</td><td>108,00</td><td>119,00</td><td>125,00</td><td>135,00</td><td>150,00</td><td></td></tr>
<tr><td></td><td>5,00</td><td>–</td><td>112,00</td><td>123,00</td><td>130,00</td><td>140,00</td><td>155,00</td><td></td></tr>
</table>

Einsteigeschächte: Aufbruch-Erd-Steifarbeiten, Schachtsohle, Beton B 15, Mauerwerk Kanalklinker DIN 4051, Rapputz, Schachtringe, Schachtabdeckung, Blechdeckel, Steigeeisen und Sohlschalen.

| Deckeloberkante D Kanalsohle KS | | Fahrbahn: mit bituminöser Decke $\varnothing$ 1000 mm | | | | | | |
| Höhenunterschied | | 1 Stück Einsteigeschacht für Kanäle $\varnothing$ 200 bis 450 m | | | | | | |
DO m	KS m	200	250	300	350	400	450	**Eigene Werte**
1,40		45,0						
1,50		–	50,0					
1,60		–	–	53,0				
1,70		–	–	–	55,0			
	1,75	48,0	–	–	–	58,0		
1,80		–	58,0	–	–	–	62,0	
	1,85	–	–	–	–	–	–	
1,90		–	–	–	–	–	–	
	1,95	–	–	62,0	–	–	–	
2,00		–	–	–	–	–	–	
	2,05	–	–	–	67,0	–	–	
2,10		65,0	–	–	–	–	–	
	2,15	–	–	–	–	69,5	–	
2,20		–	70,0	–	–	–	–	
	2,25	–	–	–	–	–	72,0	
2,30		–	–	74,0	–	–	–	
	2,35	–	–	–	–	–	–	
2,40		–	–	–	78,0	–	–	
	2,45	72,0	–	–	–	–	–	
2,50		–	–	–	–	85,0	–	
	2,55	–	78,0	–	–	–	90,0	
2,60		–	–	–	–	–	–	
	2,65	–	–	85,0	–	–	–	
2,70		–	–	–	–	–	–	
	2,75	–	–	–	92,0	–	–	
2,80		85,0	–	–	–	–	–	
	2,85	–	–	–	–	95,0	–	
2,90		–	90,0	–	–	–	100,5	
	2,95	–	–	–	–	–	–	
3,00		–	–	95,0	–	–	–	
	3,05	–	–	–	–	–	–	
3,10		–	–	–	102,0	–	–	
	3,15	97,0	–	–	–	–	–	
3,20		–	–	–	–	105,0	–	
	3,25	–	99,0	–	–	–	–	
3,30		–	–	–	–	–	107,0	
	3,35	–	–	103,0	–		–	
3,40		–	–	–	–		–	
	3,45	–	–	–	106,0		–	
3,50		108,0	–	–	–		–	
	3,55	–	–	–	–		–	
3,60		–	112,0	–	–		115,0	

Beton – Stahlbeton gemäß DIN 1045 und 4226
bewehrt oder unbewehrt herstellen.

B 5

Festigkeitsklasse	: B 5
Betongruppe	: B I
Körnung	: 0–32
Sieblinienbereich	: A/B 32

Zusammensetzung des Betons für 1,00 m^3

Frischbetonrohdichte	: 2432 kg/m^3
Zement = FAHZ 35 F	: 110 kg/m^3
W/Z-Wert = 1,05	: 115 kg/m^3
Konsistenz = KS	

Zuschläge/Mischrezept   :

Körnungen	Gew.-%	kg/m^3	DM/t		DM/t
Kies 0– 4	36	795	×	=	
Kies 4– 8	13	287	×	=	
Kies 8–16	24	530	×	=	
Kies 16–32	27	596	×	=	
	100	2208			

Zusatzmittel:

Art	% v. Zementgehalt
VZ	%
BU	%
LP	%
FM	%
MP 2	%

Beton – Stahlbeton gemäß DIN 1045 und 4226
bewehrt oder unbewehrt herstellen.

B 5

Festigkeitsklasse	: B 5
Betongruppe	: B I
Körnung	: 0–16
Sieblinienbereich	: A/B 16

Zusammensetzung des Betons für 1,00 m^3

Frischbetonrohdichte	: 2546 kg/m^3
Zement = FAHZ 35 F	: 110 kg/m^3
W/Z-Wert = 1,05	: 115 kg/m^3
Konsistenz = KS	

Zuschläge/Mischrezept   :

Körnungen	Gew.-%	kg/m^3	DM/t		DM/t
Kies 0– 4	40	929	×	=	
Kies 4– 8	24	557	×	=	
Kies 8–16	36	835	×	=	
Kies 16–32			×	=	
	100	2321			

Zusatzmittel:

Art	% v. Zementgehalt
VZ	%
BU	%
LP	%
FM	%
MP 2	%

Beton – Stahlbeton gemäß DIN 1045 und 4226
bewehrt oder unbewehrt herstellen.

B 10

Festigkeitsklasse	: B 10
Betongruppe	: B I
Körnung	: 0–32
Sieblinienbereich	: A/B 32

Zusammensetzung des Betons für 1,00 m³

Frischbetonrohdichte	: 2529 kg/m³
Zement = FAHZ 35 F	: 180 kg/m³
W/Z-Wert = 0,69	: 125 kg/m³
Konsistenz = KS	

Zuschläge/Mischrezept :

Körnungen	Gew.-%	kg/m³	DM/t		DM/t
Kies 0– 4	36	801	×	=	
Kies 4– 8	12	267	×	=	
Kies 8–16	25	556	×	=	
Kies 16–32	27	600	×	=	
	100	2224			

Zusatzmittel:

Art	% v. Zementgehalt
VZ	%
BU	%
LP	%
FM	%
MP 2	%

Beton – Stahlbeton gemäß DIN 1045 und 4226
bewehrt oder unbewehrt herstellen.

B 10

Festigkeitsklasse	: B 10
Betongruppe	: B I
Körnung	: 0–16
Sieblinienbereich	: A/B 16

Zusammensetzung des Betons für 1,00 m³

Frischbetonrohdichte	: 2509 kg/m³
Zement = FAHZ 35 F	: 180 kg/m³
W/Z-Wert = 0,69	: 125 kg/m³
Konsistenz = KS	

Zuschläge/Mischrezept :

Körnungen	Gew.-%	kg/m³	DM/t		DM/t
Kies 0– 4	40	882	×	=	
Kies 4– 8	25	551	×	=	
Kies 8–16	35	771	×	=	
Kies 16–32			×	×	
	100	2204			

Zusatzmittel:

Art	% v. Zementgehalt
VZ	%
BU	%
LP	%
FM	%
MP 2	%

3.1 Festigkeitsklassen B 5–55

<table>
<tr><td colspan="5">Beton – Stahlbeton gemäß DIN 1045 und 4226
bewehrt oder unbewehrt herstellen.</td><td colspan="2" align="center">B 10</td></tr>
</table>

Festigkeitsklasse	: B 10
Betongruppe	: B I
Körnung	: 0–32
Sieblinienbereich	: A/B 32

Zusammensetzung des Betons für 1,00 m³

Frischbetonrohdichte	: 2530 kg/m³
Zement = FAHZ 35 F	: 200 kg/m³
W/Z-Wert = 0,70	: 140 kg/m³
Konsistenz = KP	

Zuschläge/Mischrezept :   **Zusatzmittel:**

Körnungen	Gew.-%	kg/m³	DM/t		DM/t	Art	% v. Zementgehalt
Kies 0– 4	37	810	×	=		VZ	%
Kies 4– 8	12	263	×	=		BU	%
Kies 8–16	24	526	×	=		LP	%
Kies 16–32	27	591	×	=		FM	%
						MP 2	%
	100	2190					

<table>
<tr><td colspan="5">Beton – Stahlbeton gemäß DIN 1045 und 4226
bewehrt oder unbewehrt herstellen.</td><td colspan="2" align="center">B 10</td></tr>
</table>

Festigkeitsklasse	: B 10
Betongruppe	: B I
Körnung	: 0–16
Sieblinienbereich	: A/B 16

Zusammensetzung des Betons für 1,00 m³

Frischbetonrohdichte	: 2537 kg/m³
Zement = FAHZ 35 F	: 200 kg/m³
W/Z-Wert = 0,70	: 147 kg/m³
Konsistenz = KP	

Zuschläge/Mischrezept :   **Zusatzmittel:**

Körnungen	Gew.-%	kg/m³	DM/t		DM/t	Art	% v. Zementgehalt
Kies 0– 4	40	876	×	=		VZ	%
Kies 4– 8	24	526	×	=		BU	%
Kies 8–16	36	788	×	=		LP	%
Kies 16–32			×	=		FM	%
						MP 2	%
	100	2190					

<table>
<tr><td>

Beton – Stahlbeton gemäß DIN 1045 und 4226
bewehrt oder unbewehrt herstellen.

</td><td>

B 15

</td></tr>
</table>

Festigkeitsklasse   : B 15
Betongruppe   : B I
Körnung   : 0–32
Sieblinienbereich   : A/B 32

Zusammensetzung des Betons für 1,00 m^3

Frischbetonrohdichte   : 2537 kg/m^3
Zement = FAHZ 35 F   : 220 kg/m^3
W/Z-Wert = 0,62   : 136 kg/m^3
Konsistenz = KS

Zuschläge/Mischrezept   :

Körnungen	Gew.-%	kg/m^3		DM/t		DM/t	Art	% v. Zementgehalt
Kies 0– 4	37	807	×		=		VZ	%
Kies 4– 8	12	262	×		=		BU	%
Kies 8–16	24	523	×		=		LP	%
Kies 16–32	27	589	×		=		FM	%
							MP 2	%
	100	2181						

Zusatzmittel:

<table>
<tr><td>

Beton – Stahlbeton gemäß DIN 1045 und 4226
bewehrt oder unbewehrt herstellen.

</td><td>

B 15

</td></tr>
</table>

Festigkeitsklasse   : B 15
Betongruppe   : B I
Körnung   : 0–16
Sieblinienbereich   : A/B 16

Zusammensetzung des Betons für 1,00 m^3

Frischbetonrohdichte   : 2493 kg/m^3
Zement = FAHZ 35 F   : 220 kg/m^3
W/Z-Wert = 0,62   : 136 kg/m^3
Konsistenz = KS

Zuschläge/Mischrezept   :

Körnungen	Gew.-%	kg/m^3		DM/t		DM/t	Art	% v. Zementgehalt
Kies 0– 4	40	855	×		=		VZ	%
Kies 4– 8	25	534	×		=		BU	%
Kies 8–16	35	748	×		=		LP	%
Kies 16–32			×		=		FM	%
							MP 2	%
	100	2137						

Zusatzmittel:

3.1 Festigkeitsklassen B 5–55

<table>
<tr><td>Beton – Stahlbeton gemäß DIN 1045 und 4226
bewehrt oder unbewehrt herstellen.</td><td>B 15</td></tr>
</table>

Festigkeitsklasse   : B 15
Betongruppe   : B I
Körnung   : 0–32
Sieblinienbereich : A/B 32

Zusammensetzung des Betons für 1,00 m³

Frischbetonrohdichte   : 2518 kg/m³
Zement = FAHZ 35 F   : 240 kg/m³
W/Z-Wert = 0,62   : 148 kg/m³
Konsistenz = KP

Zuschläge/Mischrezept :   **Zusatzmittel:**

Körnungen	Gew.-%	kg/m³		DM/t		DM/t		Art	% v. Zementgehalt
Kies 0– 4	40	852	×		=			VZ	%
Kies 4– 8	13	277	×		=			BU	%
Kies 8–16	23	490	×		=			LP	%
Kies 16–32	24	511	×		=			FM	%
								MP 2	%
	100	2130							

<table>
<tr><td>Beton – Stahlbeton gemäß DIN 1045 und 4226
bewehrt oder unbewehrt herstellen.</td><td>B 15</td></tr>
</table>

Festigkeitsklasse   : B 15
Betongruppe   : B I
Körnung   : 0–16
Sieblinienbereich : A/B 16

Zusammensetzung des Betons für 1,00 m³

Frischbetonrohdichte   : 2454 kg/m³
Zement = FAHZ 35 F   : 270 kg/m³
W/Z-Wert = 0,62   : 167 kg/m³
Konsistenz = KP

Zuschläge/Mischrezept :   **Zusatzmittel:**

Körnungen	Gew.-%	kg/m³		DM/t		DM/t		Art	% v. Zementgehalt
Kies 0– 4	45	908	×		=			VZ	%
Kies 4– 8	20	403	×		=			BU	%
Kies 8–16	35	706	×		=			LP	%
Kies 16–32			×		=			FM	%
								MP 2	%
	100	2017							

Beton – Stahlbeton gemäß DIN 1045 und 4226 bewehrt oder unbewehrt herstellen.	B 15

Festigkeitsklasse : B 15
Betongruppe : B I
Körnung : 0–32
Sieblinienbereich : A/B 32

Zusammensetzung des Betons für 1,00 m³

Frischbetonrohdichte : 2496 kg/m³
Zement = FAHZ 35 F : 270 kg/m³
W/Z-Wert = 0,62 : 167 kg/m³
Konsistenz = KR

Zuschläge/Mischrezept :

Körnungen	Gew.-%	kg/m³		DM/t		DM/t
Kies 0– 4	38	782	×		=	
Kies 4– 8	13	268	×		=	
Kies 8–16	22	453	×		=	
Kies 16–32	27	556	×		=	
	100	2059				

Zusatzmittel:

Art	% v. Zementgehalt
VZ	%
BU	%
LP	%
FM	%
MP 2	%

Beton – Stahlbeton gemäß DIN 1045 und 4226 bewehrt oder unbewehrt herstellen.	B 15

Festigkeitsklasse : B 15
Betongruppe : B I
Körnung : 0–16
Sieblinienbereich : A/B 16

Zusammensetzung des Betons für 1,00 m³

Frischbetonrohdichte : 2466 kg/m³
Zement = FAHZ 35 F : 290 kg/m³
W/Z-Wert = 0,66 : 192 kg/m³
Konsistenz = KR

Zuschläge/Mischrezept :

Körnungen	Gew.-%	kg/m³		DM/t		DM/t
Kies 0– 4	44	873	×		=	
Kies 4– 8	21	417	×		=	
Kies 8–16	35	694	×		=	
Kies 16–32			×		=	
	100	1984				

Zusatzmittel:

Art	% v. Zementgehalt
VZ	%
BU 0,5	%
LP	%
FM	%
MP 2	%

3.1 Festigkeitsklassen B 5–55

Beton – Stahlbeton gemäß DIN 1045 und 4226 bewehrt oder unbewehrt herstellen.	B 25

Festigkeitsklasse	: B 25
Betongruppe	: B I
Körnung	: 0–32
Sieblinienbereich	: A/B 32

Zusammensetzung des Betons für 1,00 m³

Frischbetonrohdichte	: 2526 kg/m³
Zement = FAHZ 35 F	: 300 kg/m³
W/Z-Wert = 0,54	: 162 kg/m³
Konsistenz = KP	

Zuschläge/Mischrezept :

Körnungen	Gew.-%	kg/m³	DM/t		DM/t
Kies 0– 4	36	743	×	=	
Kies 4– 8	12	248	×	=	
Kies 8–16	23	475	×	=	
Kies 16–32	29	598	×	=	
	100	2064			

Zusatzmittel:

Art	% v. Zementgehalt
VZ	%
BU	%
LP	%
FM	%
MP 2	%

Beton – Stahlbeton gemäß DIN 1045 und 4226 bewehrt oder unbewehrt herstellen.	B 25

Festigkeitsklasse	: B 25
Betongruppe	: B I
Körnung	: 0–16
Sieblinienbereich	: A/B 16

Zusammensetzung des Betons für 1,00 m³

Frischbetonrohdichte	: 2488 kg/m³
Zement = FAHZ 35 F	: 330 kg/m³
W/Z-Wert = 0,54	: 178 kg/m³
Konsistenz = KP	

Zuschläge/Mischrezept :

Körnungen	Gew.-%	kg/m³	DM/t		DM/t
Kies 0– 4	45	891	×	=	
Kies 4– 8	20	396	×	=	
Kies 8–16	35	693	×	=	
Kies 16–32			×	=	
	100	1980			

Zusatzmittel:

Art	% v. Zementgehalt
VZ	%
BU	%
LP	%
FM	%
MP 2	%

Beton – Stahlbeton gemäß DIN 1045 und 4226 bewehrt oder unbewehrt herstellen.

B 25

Festigkeitsklasse : B 25
Betongruppe : B I
Körnung : 0–32
Sieblinienbereich : A/B 32

Zusammensetzung des Betons für 1,00 m^3

Frischbetonrohdichte : 2488 kg/m^3
Zement = FAHZ 35 F : 330 kg/m^3
W/Z-Wert = 0,54 : 178 kg/m^3
Konsistenz = KR

Zuschläge/Mischrezept :

Körnungen	Gew.-%	kg/m^3	DM/t		DM/t
Kies 0– 4	34	673	×	=	
Kies 4– 8	12	238	×	=	
Kies 8–16	24	475	×	=	
Kies 16–32	30	594	×	=	
	100	1980			

Zusatzmittel:

Art	% v. Zementgehalt
VZ	%
BU	%
LP	%
FM	%
MP 2	%

Beton – Stahlbeton gemäß DIN 1045 und 4226 bewehrt oder unbewehrt herstellen.

B 25

Festigkeitsklasse : B 25
Betongruppe : B I
Körnung : 0–16
Sieblinienbereich : A/B 16

Zusammensetzung des Betons für 1,00 m^3

Frischbetonrohdichte : 2473 kg/m^3
Zement = FAHZ 35 F : 360 kg/m^3
W/Z-Wert = 0,51 : 185 kg/m^3
Konsistenz = KR

Zuschläge/Mischrezept :

Körnungen	Gew.-%	kg/m^3	DM/t		DM/t
Kies 0– 4	43	829	×	=	
Kies 4– 8	21	405	×	=	
Kies 8–16	36	694	×	=	
Kies 16–32			×	=	
	100	1928			

Zusatzmittel:

Art	% v. Zementgehalt
VZ	%
BU	%
LP	%
FM	%
MP 2	%

3.1 Festigkeitsklassen B 5–55

Beton – Stahlbeton gemäß DIN 1045 und 4226 bewehrt oder unbewehrt herstellen.	B 25

Festigkeitsklasse	: B 25
Betongruppe	: B II
Körnung	: 0–32
Sieblinienbereich	: A/B 32

Zusammensetzung des Betons für 1,00 m³

Frischbetonrohdichte	: 2522 kg/m³
Zement = FAHZ 35 F	: 300 kg/m³
W/Z-Wert = 0,53	: 159 kg/m³
Konsistenz = KP	

Zuschläge/Mischrezept   :

Körnungen	Gew.-%	kg/m³		DM/t		DM/t
Kies 0– 4	36	743	x		=	
Kies 4– 8	11	227	x		=	
Kies 8–16	24	495	x		=	
Kies 16–32	29	598	x		=	
	100	2063				

Zusatzmittel:

Art	% v. Zementgehalt
VZ	%
BU 0,4	%
LP	%
FM	%
MP 2	%

Beton – Stahlbeton gemäß DIN 1045 und 4226 bewehrt oder unbewehrt herstellen.	B 25

Festigkeitsklasse	: B 25
Betongruppe	: B II
Körnung	: 0–16
Sieblinienbereich	: A/B 16

Zusammensetzung des Betons für 1,00 m³

Frischbetonrohdichte	: 2484 kg/m³
Zement = FAHZ 35 F	: 330 kg/m³
W/Z-Wert = 0,53	: 174 kg/m³
Konsistenz = KP	

Zuschläge/Mischrezept   :

Körnungen	Gew.-%	kg/m³		DM/t		DM/t
Kies 0– 4	45	891	x		=	
Kies 4– 8	35	693	x		=	
Kies 8–16	20	396	x		=	
Kies 16–32			x		=	
	100	1980				

Zusatzmittel:

Art	% v. Zementgehalt
VZ	%
BU 0,4	%
LP	%
FM	%
MP 2	%

Beton – Stahlbeton gemäß DIN 1045 und 4226 bewehrt oder unbewehrt herstellen.

B 25

Festigkeitsklasse	: B 25
Betongruppe	: B II
Körnung	: 0–32
Sieblinienbereich	: A/B 32

Zusammensetzung des Betons für 1,00 m^3

Frischbetonrohdichte	: 2442 kg/m^3
Zement = FAHZ 35 F	: 350 kg/m^3
W/Z-Wert = 0,51	: 178 kg/m^3
Konsistenz = KR	

Zuschläge/Mischrezept :

Körnungen	Gew.-%	kg/m^3	DM/t		DM/t
Kies 0– 4	37	708	×	=	
Kies 4– 8	12	230	×	=	
Kies 8–16	24	459	×	=	
Kies 16–32	27	517	×	=	
	100	1914			

Zusatzmittel:

Art	% v. Zementgehalt
VZ	%
BU 0,40	%
LP	%
FM	%
MP 2	%

Beton – Stahlbeton gemäß DIN 1045 und 4226 bewehrt oder unbewehrt herstellen.

B 25

Festigkeitsklasse	: B 25
Betongruppe	: B II
Körnung	: 0–16
Sieblinienbereich	: A/B 16

Zusammensetzung des Betons für 1,00 m^3

Frischbetonrohdichte	: 2435 kg/m^3
Zement = FAHZ 35 F	: 360 kg/m^3
W/Z-Wert = 0,51	: 183 kg/m^3
Konsistenz = KR	

Zuschläge/Mischrezept :

Körnungen	Gew.-%	kg/m^3	DM/t		DM/t
Kies 0– 4	42	795	×	=	
Kies 4– 8	22	416	×	=	
Kies 8–16	36	681	×	=	
Kies 16–32			×	=	
	100	1892			

Zusatzmittel:

Art	% v. Zementgehalt
VZ	%
BU 0,40	%
LP	%
FM	%
MP 2	%
Besondere	Eigenschaften
WU	
FM	

3.1 Festigkeitsklassen B 5–55

| Beton – Stahlbeton gemäß DIN 1045 und 4226 bewehrt oder unbewehrt herstellen. | B 25 |

Festigkeitsklasse   : B 25
Betongruppe   : B I
Körnung   : 0–32
Sieblinienbereich   : A/B 32

Zusammensetzung des Betons für 1,00 m^3

Frischbetonrohdichte   : 2448 kg/m^3
Zement = FAHZ 35 F   : 350 kg/m^3
W/Z-Wert = 0,50   : 175 kg/m^3
Konsistenz = KP

Zuschläge/Mischrezept :

Körnungen	Gew.-%	kg/m^3	DM/t		DM/t
Kies 0– 4	36	692	×	=	
Kies 4– 8	12	231	×	=	
Kies 8–16	24	462	×	=	
Kies 16–32	28	538	×	=	
	100	1923			

Zusatzmittel:

Art	% v. Zementgehalt
VZ	%
BU	%
LP	%
FM	%
MP 2	%

| Beton – Stahlbeton gemäß DIN 1045 und 4226 bewehrt oder unbewehrt herstellen. | B 25 |

Festigkeitsklasse   : B 25
Betongruppe   : B II
Körnung   : 0–32
Sieblinienbereich   : A/B 32

Zusammensetzung des Betons für 1,00 m^3

Frischbetonrohdichte   : 2389 kg/m^3
Zement = FAHZ 35 F   : 350 kg/m^3
W/Z-Wert = 0,47   : 165 kg/m^3
Konsistenz = KP

Zuschläge/Mischrezept :

Körnungen	Gew.-%	kg/m^3	DM/t		DM/t
Kies 0– 4	35	656	×	=	
Kies 4– 8	12	225	×	=	
Kies 8–16	23	431	×	=	
Kies 16–32	30	562	×	=	
	100	1874			

Zusatzmittel:

Art	% v. Zementgehalt
VZ	%
BU	%
LP 0,2	%
FM	%
MP 2	%

Beton – Stahlbeton gemäß DIN 1045 und 4226 bewehrt oder unbewehrt herstellen.	B 25

Festigkeitsklasse	: B 25
Betongruppe	: B II
Körnung	: 0–32
Sieblinienbereich	: A/B 32

Zusammensetzung des Betons für 1,00 m^3

Frischbetonrohdichte	: 2389 kg/m^3
Zement = FAHZ 35 F	: 350 kg/m^3
W/Z-Wert = 0,47	: 165 kg/m^3
Konsistenz = KR	

Zuschläge/Mischrezept :

Körnungen	Gew.-%	kg/m^3		DM/t		DM/t
Kies 0– 4	35	656	×		=	
Kies 4– 8	12	225	×		=	
Kies 8–16	23	431	×		=	
Kies 16–32	30	562	×		=	
	100	1874				

Zusatzmittel:

Art	% v. Zementgehalt
VZ	%
BU	%
LP 0,2	%
FM 1,0	%
MP 2	%

Beton – Stahlbeton gemäß DIN 1045 und 4226 bewehrt oder unbewehrt herstellen.	B 35

Festigkeitsklasse	: B 35
Betongruppe	: B II
Körnung	: 0–32
Sieblinienbereich	: A/B 32

Zusammensetzung des Betons für 1,00 m^3

Frischbetonrohdichte	: 2506 kg/m^3
Zement = FAHZ 35 F	: 360 kg/m^3
W/Z-Wert = 0,46	: 165 kg/m^3
Konsistenz = KP	

Zuschläge/Mischrezept :

Körnungen	Gew.-%	kg/m^3		DM/t		DM/t
Kies 0– 4	34	674	×		=	
Kies 4– 8	12	238	×		=	
Kies 8–16	24	475	×		=	
Kies 16–32	30	594	×		=	
	100	1981				

Zusatzmittel:

Art	% v. Zementgehalt
VZ	%
BU	%
LP	%
FM	%
MP 2	%

3.1 Festigkeitsklassen B 5–55

<table>
<tr><td colspan="4">Beton – Stahlbeton gemäß DIN 1045 und 4226
bewehrt oder unbewehrt herstellen.</td><td>B 35</td></tr>
</table>

Festigkeitsklasse   : B 35
Betongruppe   : B II
Körnung   : 0–16
Sieblinienbereich   : A/B 16

Zusammensetzung des Betons für 1,00 m³

Frischbetonrohdichte   : 2488 kg/m³
Zement = FAHZ 35 F   : 390 kg/m³
W/Z-Wert = 0,43   : 168 kg/m³
Konsistenz = KP

Zuschläge/Mischrezept :   **Zusatzmittel:**

Körnungen	Gew.-%	kg/m³	DM/t		DM/t	Art	% v. Zementgehalt
Kies 0– 4	44	849	×	=		VZ	%
Kies 4– 8	21	405	×	=		BU 0,30	%
Kies 8–16	35	676	×	=		LP	%
Kies 16–32			×	=		FM	%
						MP 2	%
	100	1930				WU = Wasserundurchlässig	

<table>
<tr><td colspan="4">Beton – Stahlbeton gemäß DIN 1045 und 4226
bewehrt oder unbewehrt herstellen.</td><td>B 35</td></tr>
</table>

Festigkeitsklasse   : B 35
Betongruppe   : B II
Körnung   : 0–32
Sieblinienbereich   : A/B 32

Zusammensetzung des Betons für 1,00 m³

Frischbetonrohdichte   : 2462 kg/m³
Zement = FAHZ 35 F   : 370 kg/m³
W/Z-Wert = 0,47   : 174 kg/m³
Konsistenz = KR

Zuschläge/Mischrezept :   **Zusatzmittel:**

Körnungen	Gew.-%	kg/m³	DM/t		DM/t	Art	% v. Zementgehalt
Kies 0– 4	33	633	×	=		VZ	%
Kies 4– 8	12	230	×	=		BU	%
Kies 8–16	25	480	×	=		LP	%
Kies 16–32	30	575	×	=		FM	%
						MP 2	%
	100	1918					

Beton – Stahlbeton gemäß DIN 1045 und 4226 bewehrt oder unbewehrt herstellen.	B 35

Festigkeitsklasse : B 35
Betongruppe : B II
Körnung : 0–16
Sieblinienbereich : A/B 16

Zusammensetzung des Betons für 1,00 m^3

Frischbetonrohdichte : 2483 kg/m^3
Zement = HOZ-35 L-NW : 390 kg/m^3
W/Z-Wert = 0,43 : 168 kg/m^3
Konsistenz = KP

Zuschläge/Mischrezept :

Körnungen	Gew.-%	kg/m^3		DM/t		DM/t
Kies 0– 4	45	866	×		=	
Kies 4– 8	20	385	×		=	
Kies 8–16	35	674	×		=	
Kies 16–32			×		=	
	100	1925				

Zusatzmittel:

Art	% v. Zementgehalt
VZ	%
BU 0,35	%
LP	%
FM	%
MP 2	%
WU = Wasserundurchlässig	

Beton – Stahlbeton gemäß DIN 1045 und 4226 bewehrt oder unbewehrt herstellen.	B 35

Festigkeitsklasse : B 35
Betongruppe : B II
Körnung : 0–32
Sieblinienbereich : A/B 32

Zusammensetzung des Betons für 1,00 m^3

Frischbetonrohdichte : 2450 kg/m^3
Zement = HOZ-35 L-NW : 360 kg/m^3
W/Z-Wert = 0,46 : 166 kg/m^3
Konsistenz = KP

Zuschläge/Mischrezept :

Körnungen	Gew.-%	kg/m^3		DM/t		DM/t
Kies 0– 4	34	654	×		=	
Kies 4– 8	12	231	×		=	
Kies 8–16	25	481	×		=	
Kies 16–32	29	558	×		=	
	100	1924				

Zusatzmittel:

Art	% v. Zementgehalt
VZ	%
BU	%
LP	%
FM	%
MP 2	%
WU = Wasserundurchlässig	

3.1 Festigkeitsklassen B 5–55

<table>
<tr><td colspan="5">Beton – Stahlbeton gemäß DIN 1045 und 4226
bewehrt oder unbewehrt herstellen.</td><td>B 35</td></tr>
</table>

Festigkeitsklasse : B 35
Betongruppe : B II
Körnung : 0–32
Sieblinienbereich : A/B 32

Zusammensetzung des Betons für 1,00 m³

Frischbetonrohdichte : 2474 kg/m³
Zement = FAHZ 35 F : 370 kg/m³
W/Z-Wert = 0,52 : 187 kg/m³
Konsistenz = KR

Zuschläge/Mischrezept :

Körnungen	Gew.-%	kg/m³	DM/t		DM/t
Kies 0– 4	34	652	×	=	
Kies 4– 8	12	230	×	=	
Kies 8–16	24	460	×	=	
Kies 16–32	30	575	×	=	
	100	1919			

Zusatzmittel:

Art	% v. Zementgehalt
VZ	%
BU 0,40	%
LP	%
FM	%
MP 2	%

<table>
<tr><td colspan="5">Beton – Stahlbeton gemäß DIN 1045 und 4226
bewehrt oder unbewehrt herstellen.</td><td>B 35</td></tr>
</table>

Festigkeitsklasse : B 35
Betongruppe : B II
Körnung : 0–16
Sieblinienbereich : A/B 16

Zusammensetzung des Betons für 1,00 m³

Frischbetonrohdichte : 2471 kg/m³
Zement = FAHZ 35 F : 380 kg/m³
W/Z-Wert = 0,48 : 183 kg/m³
Konsistenz = KP

Zuschläge/Mischrezept :

Körnungen	Gew.-%	kg/m³	DM/t		DM/t
Kies 0– 4	44	842	×	=	
Kies 4– 8	18	345	×	=	
Kies 8–16	38	727	×	=	
Kies 16–32			×	=	
	100	1914			

Zusatzmittel:

Art	% v. Zementgehalt
VZ	%
BU	%
LP	%
FM	%
MP 2	%

Beton – Stahlbeton gemäß DIN 1045 und 4226 bewehrt oder unbewehrt herstellen.	B 45

Festigkeitsklasse   : B 45
Betongruppe   : B II
Körnung   : 0–16
Sieblinienbereich   : A/B 16

Zusammensetzung des Betons für 1,00 m^3

Frischbetonrohdichte   : 2494 kg/m^3
Zement = PZ 45 F   : 390 kg/m^3
W/Z-Wert = 0,45   : 175 kg/m^3
Konsistenz = KP

Zuschläge/Mischrezept :

Körnungen	Gew.-%	kg/m^3		DM/t		DM/t
Kies 0– 4	42	810	×		=	
Kies 4– 8	23	444	×		=	
Kies 8–16	35	675	×		=	
Kies 16–32			×		=	
	100	1929				

Zusatzmittel:

Art	% v. Zementgehalt
VZ	%
BU 0,5	%
LP	%
FM	%
MP 2	%

Beton – Stahlbeton gemäß DIN 1045 und 4226 bewehrt oder unbewehrt herstellen.	B 45

Festigkeitsklasse   : B 45
Betongruppe   : B II
Körnung   : 0–32
Sieblinienbereich   : A/B 32

Zusammensetzung des Betons für 1,00 m^3

Frischbetonrohdichte   : 2480 kg/m^3
Zement = PZ 45 F   : 400 kg/m^3
W/Z-Wert = 0,45   : 180 kg/m^3
Konsistenz = KR

Zuschläge/Mischrezept :

Körnungen	Gew.-%	kg/m^3		DM/t		DM/t
Kies 0– 4	30	573	×		=	
Kies 4– 8	10	191	×		=	
Kies 8–16	28	535	×		=	
Kies 16–32	32	611	×		=	
	100	1910				

Zusatzmittel:

Art	% v. Zementgehalt
VZ	%
BU 0,5	%
LP	%
FM	%
MP 2	%

3.1 Festigkeitsklassen B 5–55

<table>
<tr><td>Beton – Stahlbeton gemäß DIN 1045 und 4226
bewehrt oder unbewehrt herstellen.</td><td>B 45</td></tr>
</table>

Festigkeitsklasse : B 45
Betongruppe : B II
Körnung : 0–32
Sieblinienbereich : A/B 32

Zusammensetzung des Betons für 1,00 m³

Frischbetonrohdichte : 2500 kg/m³
Zement = PZ 45 F : 380 kg/m³
W/Z-Wert = 0,45 : 170 kg/m³
Konsistenz = KP

Zuschläge/Mischrezept :

Körnungen	Gew.-%	kg/m³		DM/t		DM/t
Kies 0– 4	34	663	×		=	
Kies 4– 8	12	234	×		=	
Kies 8–16	24	468	×		=	
Kies 16–32	30	585	×		=	
	100	1950				

Zusatzmittel:

Art	% v. Zementgehalt
VZ	%
BU	%
LP	%
FM	%
MP 2	%

<table>
<tr><td>Beton – Stahlbeton gemäß DIN 1045 und 4226
bewehrt oder unbewehrt herstellen.</td><td>B 55</td></tr>
</table>

Festigkeitsklasse : B 55
Betongruppe : B II
Körnung : 0–32
Sieblinienbereich : A/B 32

Zusammensetzung des Betons für 1,00 m³

Frischbetonrohdichte : 2474 kg/m³
Zement = PZ 45 F : 400 kg/m³
W/Z-Wert = 0,45 : 180 kg/m³
Konsistenz = KP

Zuschläge/Mischrezept :

Körnungen	Gew.-%	kg/m³		DM/t		DM/t
Kies 0– 4	30	568	×		=	
Kies 4– 8	15	284	×		=	
Kies 8–16	25	474	×		=	
Kies 16–32	30	568	×		=	
	100	1894				

Zusatzmittel:

Art	% v. Zementgehalt
VZ	%
BU	%
LP	%
FM	%
MP 2	%